Michael Koch

# Traditionelles Arbeiten mit Pferden

## in Feld und Wald

4., neugestaltete und überarbeitete Auflage

65 Fotos
24 Zeichnungen

Ulmer

# Inhalt

# Vorwort

Beobachtet man die geistigen Entwicklungen in unserer Gesellschaft, kann man feststellen, dass nach der Euphorie des unbegrenzten Fortschritts jetzt vielfach eine Besinnung auf Altbewährtes, zum Teil auch schon Vergangenes stattfindet.

Vieles davon erfährt gerade in diesen Jahren des ausgehenden Jahrhunderts eine ungeahnte Renaissance. Mit dazu gehören auch Bereiche und Praktiken des bäuerlichen Lebens, das in der ersten Hälfte des Jahrhunderts noch stark geprägt war vom körperlichen Einsatz von Mensch und Tier. Gerade das Arbeitspferd des Bauern war stets ein Sinnbild für eine leistungsfähige und gesunde Landwirtschaft. Betrachtet man alte Urkunden, Qualitätssiegel oder auch Heimatbücher mit Bildern aus der Region, so finden sich immer wieder ein pflügender Landmann, ein stilisierter Pferdekopf oder das Familienfoto, auf dem der Bauer mit Pferd an der Hand im Vordergrund zu sehen ist.

Mit dem Pferd verbindet sich ein anderer Lebensrhythmus – genau der Rhythmus, den die meisten von uns heute entbehren müssen. Ich will damit nicht sagen, dass die damalige Zeit keine Hektik kannte (man denke nur an plötzliches Schlechtwetter bei Ernten), sondern ich meine die Grenzen, die von Natur aus einem Organismus gegeben sind und denen sich die landwirtschaftliche Betriebsstruktur von damals unterzuordnen hatte.

Trotzdem fragt sich mancher heute, wie die Landwirte vor 50 oder 100 Jahren ihre Arbeit überhaupt schaffen konnten. Vergessen wird dabei oft, dass es neben viel Handarbeit auch eine Menge Erleichterungen in Form gut konstruierter Maschinen und Geräte gab. Deren fortschreitende Entwicklung fand Mitte der Fünfzigerjahre dieses Jahrhunderts eine jähes Ende. Auch der damit verbundene praktische Umgang mit den Zugtieren sowie die Weitergabe dieses Wissens und der Erfahrung darüber gingen verloren. Zu dem immer größer werdenden Kreis von jungen Leuten, die sich für die traditionelle Arbeit mit Pferden interessieren, gehöre auch ich – und ich hatte das Glück, als Kind den Ackergaul von damals noch in Aktion zu sehen. Durch viele Gespräche mit alten Bauern und Fuhrleuten und durch eigenes Ausführen fast aller landwirtschaftlicher Arbeiten mit dem Pferd habe ich im Laufe der Jahre eine Menge Erfahrungen gesammelt, mit denen ich dazu beitragen möchte, die große Lücke auf dem Gebiet der bäuerlichen Pferdearbeit zu schließen.

## Zur 4. Auflage

13 Jahre sind vergangen nach der Erstauflage dieses Buches. Zeit dafür, im Vorwort auf die Entwicklungen im Allgemeinen, wie auch im Bereich der Arbeitspferdenutzung einzugehen.

Wie sich Einstellungen ändern können kommt zum Beispiel darin zum Ausdruck, wie ich damals oft angesprochen wurde: ... „Wie kommst du dazu, noch mit Pferden zu arbeiten?“ Jetzt: ...“ Ich finde es toll, dass du wieder mit Pferden arbeitest.“

Damals, die letzten realen Erinnerungen einer bald endgültig vergangenen Zeit. Jetzt, eine durchaus sinnvolle Tätigkeit, die zumindest in kleinen Bereichen des heutigen Wirtschaftens nicht nur einen Platz verdient und schon innehat, sondern angesichts der weltweiten Probleme der Menschheit auch in führenden Köpfen der Gesellschaft Raum einnimmt.

Immerhin verbinden sich mit dem Einsatz des Pferdes als Arbeitstier fast alle Erforder-

nisse, die an eine moderne „Energiequelle" gestellt werden. Dem entgegen steht allerdings nach wie vor das Naturell der meisten Menschen.

Die Technik mit ihrer systematisch erlernbaren Bedienbarkeit ist im Lebensumfeld und damit auch im Kopf des heutigen Menschen fest verankert. Sie steht im Gegensatz zum Umgang mit einem Lebewesen, bei dem man eine Leistung nicht per Knopfdruck abrufen kann, sondern Charakter, Erziehung, allgemeine Konstitution und Tagesform mit berücksichtigen muss.

Neben praktischer Anleitung war es schon in der Erstauflage, wie auch jetzt ein Anliegen des Buches, die Bedingungen, die sich an den Menschen stellen, der mit dem Pferd in der Arbeit umgeht, zu berücksichtigen und verständlich zu machen.

Michael Koch
Reichshof-Nosbach

# Der Bauer und sein Pferd

Bevor das Pferd als Reittier entdeckt wurde, kannte man schon lange seine Verwendbarkeit als Zugtier. Pferdebespannte Streitwagen längst vergangener Reiche sind wohl jedem geläufig.

Weniger spektakulär sind die ersten Versuche, mit der Kraft von Zugtieren Bodenbearbeitungsgeräte in Bewegung zu bringen. Vor etwa 8.000 bis 10.000 Jahren entwickelte der Mensch den hölzernen Hakenpflug und zähmte das Wildrind, den sogenannten Ur oder Auerochsen. Er diente als Zugtier für die ersten Pflüge, Eggen und Walzen. Erst vor etwa 4.000 bis 5.000 Jahren wurde das Wildpferd domestiziert. Es wird aber erst seit etwa 1200 n. Chr. für Feldarbeiten eingesetzt. Hier beginnt die Beziehung zwischen Bauer und Pferd, die sich über Jahrhunderte bis in unsere jüngste Vergangenheit entwickelte, sich von Zeit zu Zeit geringfügig veränderte und Mitte dieses Jahrhunderts ziemlich plötzlich bis auf Funken erlosch. Jene Entwicklung gilt allerdings in dieser krassen Darstellung nur für unser Land und Staaten mit ähnlichem wirtschaftlichen Entwicklungsstand. Blickt man jedoch über unsere neuen direkten Grenzen nach Osten hin oder auch nach Amerika, so findet man das Pferd in der Landwirtschaft noch – wenn auch in immer kleiner werdender Zahl, aber auf langer Tradition basierend.

Doch zurück in unsere Region. Die Landwirtschaft wurde schon immer von den verschiedenen landschaftlichen Gegebenheiten beeinflusst. Flache, leicht zu bewirtschaftende und mehr oder weniger fruchtbare Regionen wechseln mit höher liegenden Gegenden ab, die nur mühsam landwirtschaftlich genutzt werden können.

Relief eines pflügenden Landmannes. Nicht nur Kumtgeschirr und Pflug mit Vorderkarre sprechen für eine bäuerliche Kultur, sondern auch der sorgfältig gepflanzte Obstbaum.

Die wirtschaftliche und gesellschaftliche Entwicklung war in der Agrargesellschaft der damaligen Zeit maßgeblich von den Möglichkeiten abhängig, die eine Landschaft mit ihrem Relief und ihrer Bodenqualität bot.

Je intensiver der Boden genutzt werden konnte, desto besser stand es um die Bauernfamilien und Gemeinden, die dort wirtschafteten. Ein entsprechend hoher Anspruch stellte sich an die betriebliche Organisation und Ausrüstung, die Leistungsanforderungen eingeschlossen.

So bildeten sich schon früh Gebiete mit schwerpunktmäßigem Pferdeeinsatz in der Landwirtschaft, wie zum Beispiel Ostpreußen, Niedersachsen und in jüngerer Zeit auch das Rheinland. Gerade hier war die höhere Leistungsfähigkeit des Pferdes gegenüber anderen Zugtieren, wie zum Beispiel Ochse, Kuh oder auch Esel, besonders wichtig. Hier lohnte sich die kostspieligere und pflegeaufwendigere Haltung. In Klein- und Nebenerwerbsbetrieben der Mittelgebirge wurde oftmals Ochsen oder auch der Zugkuh der Vorrang gegeben. Wirtschaftliche Erwägungen anstelle von Schönheitsidealen bildeten die Basis der Partnerschaft zwischen Bauer und Pferd.

Dem Gesichtsausdruck dieser beiden ist abzulesen, dass auch früher das Pferd nicht nur ein Arbeitsgerät darstellte.

Der Bauer und sein Pferd stehen als Symbol für eine nutzbringende Partnerschaft, die sich harmonisch in die Kreisläufe der Natur einfügt und mit ihr statt gegen sie arbeitet. Die Einfachheit und die Durchschaubarkeit der verwendeten Technik einerseits und ihre ungeheure Wirkungskraft andererseits faszinieren uns gerade heute, wo selbst eine Zahnbürste bereits mit Motor ausgerüstet wird. Doch wie empfand der damals hart arbeitende Landwirt die Beziehung zu seinem Pferd?

## Arbeitsgerät oder unverzichtbarer Partner?

Grundsätzlich gibt es natürlich die echten Pferdebauern und andere, die notgedrungen aufgrund fehlender Alternativen mit Pferden arbeiten. Viele Bauern konnten früher keine besondere Auswahl bezüglich Charakter und Eignung der Tiere treffen.

Der Pferdebauer liebte trotz aller Härten des Arbeitsalltages den Umgang mit seinem Pferd. Vor allem auf konsequente Erziehung legte er großen Wert, wobei auch auf individuelle Eigenarten der Tiere eingegangen wurde. Gerade aber die Bedürfnisse des Pferdes als Lebewesen prägten über Generationen hinweg das bäuerliche Leben. Der Arbeitsalltag des Bauern, seiner Familie und der Hilfskräfte war davon abhängig. Das Lebewesen verlangt nach Ruhe und Erholung, die Maschine nicht.

Entsprechend gestaltete sich der Arbeitstag auf dem Bauernhof. Morgens wurde um 5 Uhr gefüttert, gemistet und geputzt. Etwa zwei

Stunden später wurde angespannt und bis zum Mittagsläuten gearbeitet. Das Mittagsläuten hörten die Pferde nach vielen Berichten oft besser als ihr Herr: „Er zog den Pflug nach dem Wenden noch bis in die Erde, dann tat sich nichts mehr." Ähnliche Aussagen hörte ich gelegentlich und erlebte dies auch schon selbst, vor allem in arbeitsintensiven Zeiten wie bei der Frühjahrsbestellung, wenn mehrere Tage im geregelten Rhythmus verlaufen. Der Bauer früher wie heute wird in solchen Situationen sicher das letzte Wort gehabt haben. Es zeigt aber um so deutlicher, dass ein Lebewesen nie vollends zum Werkzeug wird.

Wie stark die Prägung unserer Vorgängergenerationen durch den täglichen Umgang mit dem Pferd gewesen sein muss, können wir heute nur noch erahnen. Doch die Geschichte von dem Bauern, der das erste Mal auf dem Trecker saß und mit lauten „Hüh"-Rufen den Trecker anzuhalten versuchte, mag dafür ein Zeugnis sein.

Der Bauer verbrachte bei der Bewirtschaftung seines Betriebes fast den ganzen Tag mit dem Pferd. Mensch und Tier kannten sich so gut, dass im täglichen Umgang zur Verständigung nur wenige Worte und kleine Zeichen nötig waren – einige knappe Begrüßungsworte am Morgen, zum zur Seite treten ein kurzes „Rumm", um Futter in die Krippe zu geben, beim Anspannen einige Kommandos, um leichter Deichsel, Scherbaum und Zugstränge an ihren Platz zu bringen. Während der Arbeit wurden die regional unterschiedlichen Fuhrmannsausdrücke eingesetzt, wie Komm, Hüh, Brr, Har, Hott, Hischt, um nur die bekanntesten zu nennen.

Dieses knappe, aber trotzdem vielfältige Repertoire an Kommandos ermöglichte, konsequent eingesetzt, ein partnerschaftliches Arbeiten. Somit ist es nicht verwunderlich, dass nach einem langen Arbeitstag der Bauer am Abend bei der Versorgung seines Arbeitskameraden mit besonderer Sorgfalt zu Werke ging.

## Eigener Nachwuchs

Handelte es sich bei dem eingesetzten Pferd auch noch um den selbst gezogenen Spross eines schon seit Jahrzehnten in der Familie gehegten Stutenstammes, dann lieferte jeder Tag von Neuem den Beweis für richtig getroffene Zuchtentscheidungen der Vergangenheit. Und der alten Stute gebührte damit schon fast ein Ehrenplatz im Familienalbum. Bei allen so positiven Feststellungen darf man nicht vergessen, dass es neben den Pferden auf dem Bauernhof noch eine Vielzahl anderer Tiere gab, die ebenfalls der Aufmerksamkeit des Bauern bedurften. Wie ein alter Spruch so schön sagt: Das Auge des Herrn mästet das Vieh. Der Umgang mit ihnen war teilweise genauso intensiv wie der mit dem Arbeitspferd, trotzdem von ganz anderer Art.

> Denn der Arbeitskamerad Pferd musste täglich seine Existenzberechtigung in harter Arbeit unter Beweis stellen.

Zweifellos hatte das Arbeitspferd bestimmt nicht die Sonderstellung, wie sie heute die Freizeitpferde der Hobbyhalter oft einnehmen, auch einen Vergleich mit heutigen Sportpferden kann man wohl kaum eingehen.

Das Arbeitspferd musste seine Arbeit verrichten und bekam dafür entsprechend kalkulierte Futterrationen und die nötige Ruhe im Stall. Die Pferde wurden damals meist im Ständer gehalten, die Boxenhaltung war wenig verbreitet und meist nur Fohlenstuten und Jungpferden vorbehalten. Die einzelnen Betriebe unterschieden sich erheblich hinsichtlich der Haltungsform und dem Umgang mit den Tieren. Auf einem Gut kümmerte sich der Bauer selbst selten um die Pferde, sondern von ihm beschäftigte Gespannführer, die teilweise höchst besorgt um die ihnen anvertrauten Tiere waren. Damals war es durchaus üblich,

Zusatzrationen an Kraftfutter für die Pferde zu organisieren, wenn es auch heimlich geschah. Ob Knecht, Gespannführer oder Bauer – man kümmerte sich meist nicht nur um die elementaren Grundbedürfnisse der Pferde, sondern entwickelte ein darüber hinausgehendes Fürsorgegefühl für den Arbeitskamerad Pferd.

Im Kleinbetrieb standen die wirtschaftlichen Grundgedanken für den Besitzer ziemlich weit vorn. Teure Anschaffung, kostspielige Haltung und im Vergleich mit anderen Tieren auf dem Hof auch eine anfälligere Konstitution vertrugen sich wenig mit radikalen und rücksichtslosen Umgangsformen.

### Lohn für harte Arbeit

Sicherlich wurden die reinen Arbeitspferde nach heutigen Erkenntnissen wenig tiergerecht gehalten: tagsüber im Geschirr, nachts im Ständer, Weidegang war allenfalls am Wochenende üblich. Mit teilweise hohen Kraftfuttergaben begünstigte diese Haltung nicht nur Koliken, sondern zusätzlich Kreuzverschlag, auch schwarze Harnwinde oder Feiertagskrankheit genannt. Der Bauer musste beim Einsatz von Pferden statt beispielsweise Zugochsen auch Pferdekenner sein. Und dies war nicht nur beim Kauf des Tieres und beim täglichen Umgang wichtig, sondern gerade bei der richtigen Einschätzung von Fütterung und Arbeitsintensität. Der Hufbeschlag, die Beschirrung und das einwandfreie Funktionieren von Wagen und Gerät verlangten ebenfalls ständige Aufmerksamkeit und Sorgfalt. Jeder kann sich vorstellen, wie stark sich die Grundeinstellung des Bauern zum Pferd und zur Pferdearbeit hier bemerkbar machte.

Somit lag auch früher vieles im Argen. Manchmal konnte man schon auf den ersten Blick am äußeren Erscheinungsbild von Gespann und Gerät erkennen, dass hier das Verhältnis zwischen Bauer und Pferd von Interesselosigkeit und Nachlässigkeit gezeichnet war.

Schlechtes Futter und schlechter Pflegezustand, geflicktes, falsch sitzendes Geschirr, zu schwere oder unvorteilhaft konstruierte Wagen oder Geräte sowie unzumutbare Leistungsanforderungen und roher Umgangston sprachen für sich.

Diesbezüglich darf nicht unerwähnt bleiben, dass gerade bei Gehorsamsverweigerungen, wenn etwa die Pferde nicht mehr anziehen wollten, fast jedes Mittel recht war, um sie wieder in Bewegung zu bringen. Hier wird teilweise von haarsträubenden Szenen berichtet. Einerseits gab es wohl viele Bauern, die notgedrungen mit Pferden wirtschafteten und denen deshalb das weitestgehend fehlte, was wir heute mit dem Ausdruck Horsemanship bezeichnen, also Einfühlungsvermögen in den Arbeitskameraden Pferd. Andererseits können wir uns, vor allem die jüngere Generation, heutzutage kaum noch vorstellen, wie stark die ständig herrschende existenzielle Not das Fühlen und Handeln der Menschen damals prägte. Zum Glück können wir uns heute einfühlsamere Umgangsformen leisten – und vor allem braucht heute keiner mehr mit Pferden arbeiten, der es nicht wirklich will.

## Pferderassen

Die Entscheidung, welche Rasse oder welcher Pferdetyp für den Einsatz im landwirtschaftlichen Betrieb geeignet war, hing von verschiedenen Gesichtspunkten ab:

- Landschaft
- Boden
- Tradition
- wirtschaftliche Vorgaben

### Landschaft

Die Landschaft prägt nicht nur ihren Menschenschlag, sondern auch eine Pferderasse oder einen Pferdetyp. Sie stellt ihre speziellen Anforderungen an die physische und psychische Konstitution der dort lebenden Menschen und Tiere. Die flachen Regionen sind gekennzeichnet durch eine weiträumige und offene Landschaft mit oft großen Entfernungen zwischen Siedlungen und Fluren. Beweglichkeit, Schnelligkeit, Ausdauer waren gefordert, um weite Wege zurücklegen zu können. Hier war eine Pferderasse gefragt, die genau diese Eigenschaften besaß. Etwas überschäumendes Temperament wurde dann eher als eine Kraft- und Willensreserve angesehen. Geringere Zugkraft konnte man dabei gut verschmerzen, da naturgemäß nur geringe Steigungen zu erwarten waren. Viel wichtiger war, dass die Pferde nach langem Anmarsch zum Arbeitsplatz noch Kraft genug besaßen, um stundenlange Ackerarbeit und die Heimfahrt in guter Kondition zu überstehen. Mit Erntegut mussten zusätzlich auch noch höhere Zugwiderstände in Kauf genommen werden.

Diesen Anforderungen genügte am ehesten ein Warmblüter mit ausreichendem Kaliber, wie er im Typ des alten Oldenburgers, Ostfriesen oder auch Hannoveraners verkörpert war. Auch leichtere Schläge des Warmblutes konnten vollwertig als Arbeitspferde eingesetzt werden, wie beispielsweise der Trakehner in Ostpreußen. Die geringe Zugkraft wurde durch Mehranspannung ausgeglichen.

Die bergigen Gebiete Deutschlands, überwiegend Mittelgebirgslagen, waren geprägt von hügeligem Relief mit verschachtelten Siedlungen, deren landwirtschaftliche Nutzflächen sich mehr in Dorf- oder Gehöftnähe befanden. Kleinere Wirtschaftsflächen und kürzere Transportwege waren ein Vorteil. Die aber zum Teil erheblichen Steigungen schufen mit Wirtschaftsfuhren wie Stallmist oder Erntegut sowohl bergauf wie bergab Probleme. Entsprechend starke und zugfeste Pferde mit ruhigem und besonnenem Temperament

Konzentration bei Mann und Pferden. Zwei Süddeutsche Kaltblüter bei der Rückearbeit.

waren gefragt. Verschiedene Kalblutschläge, häufig aber auch Mischrassen zwischen Warm- und Kaltblut, sogenannte Halbschlagpferde, wurden hier überwiegend eingesetzt.

Im Übergang zu den Hochgebirgen wie etwa im Schwarzwald trat die Eigenschaft der Zugstärke etwas in den Hintergrund. Mehr Beweglichkeit und Geschicklichkeit in Steillagen war wichtiger, wo man ohnehin die zumutbaren Lasten knapp kalkulieren musste. Allzu schwere Pferde hätten dort schon mit der Bewältigung ihrer eigenen Körperfülle genug zu tun gehabt. Pferderassen wie der Schwarzwälder Fuchs, der Noriker oder Oberländer, der Freiberger in der Schweiz und teilweise auch der Haflinger entstanden aus den vorher beschriebenen Ansprüchen des bäuerlichen Alltages dieser Regionen. Nicht zuletzt spielte ein geringerer Futterbedarf eine wichtige Rolle.

## Boden

„Der Boden prägt seinen Pferdeschlag" ist eine alte Züchter- und Bauernweisheit. Gemeint ist damit die Beschaffenheit des in einer Region vorkommenden Ackerbodens. Leichte Böden zeichnen sich durch einen höheren Sandanteil sowie lockere und wenig humose Struktur aus. Geringe Wasserhaltekraft und dadurch bedingtes schnelles Abtrocknen nach Niederschlägen sind weitere Charakteristika. Die zur Bodenbearbeitung eingesetzten Geräte bieten daher auch nur geringe Zugwiderstände. Der leicht krümelige Boden kann mit größerem Tempo bearbeitet werden. Naturgemäß ist aber auch die Fruchtbarkeit geringer und der Anbau von Feldfrüchten, die humose, tiefgründige Strukturen brauchen, kaum möglich. Ein leichtes, gängiges Pferd wurde bevorzugt.

Schwerer Boden hingegen besteht aus mehr lehmigen Anteilen. Der Humusgehalt ist relativ hoch, Sand ist im schweren Boden dagegen kaum oder gar nicht enthalten. Die Wasserhaltekraft ist hoch, entsprechend lange brauchen solche Böden, um beispielsweise im Frühjahr oder nach Niederschlägen zu trocknen. Die Lagerung der Bodenteilchen ist sehr dicht. Zusammen mit dem relativ hohen Wassergehalt kann man sich gut vorstellen, dass ein entsprechend hohes Gewicht etwa vom Streichblech eines Pfluges umgesetzt werden muss. Durch die höhere Bodenfruchtbarkeit lohnte schon damals eine tiefere Bearbeitung, die auch anspruchsvollere Kulturen gut gedeihen ließ. Ein starkes Pferd mit genügend Gewicht war hier eher gefragt. Dieser Umstand prägte somit auch das wuchtige Erscheinungsbild des Rheinisch-Deutschen Kaltblüters.

Somit kann man sich gut vorstellen, wie in damaliger Zeit, in der noch nicht mit zwei- und dreistelligen PS-Zahlen kalkuliert wurde, die von der Natur vorgegebene Bodenbeschaffenheit die eingesetzten Zugpferderassen prägte: gängige, mit genügend Kaliber ausgestattete Pferde auf den leichten Böden, schwere, ruhige, zugstarke Rassen auf den tiefgründigeren Böden.

> Genauso wie der Übergang von Landschaft und Bodentyp fließend ist, bestand auch zu keiner Zeit eine eindeutige gebietsmäßige Trennung zwischen den Rassen und Schlägen.

## Tradition

In der Vergangenheit wurden in einem bestimmten Gebiet meist die vorhandenen Pferde zu den anfallenden Arbeiten herangezogen, auch wenn sie den Ansprüchen nicht voll genügten. Es war nicht üblich und auch nicht durchführbar, Pferde anderer Rassen aus entfernten Regionen zuzukaufen. Bei genügsamer Wirtschaftsweise war man meist mit dem vorhandenen Pferdematerial zufrieden.

Ein Beispiel hierfür sind die ostpreußischen Schweiken, eine dem Tarpan nahestehende,

Ohrenspiel und Gesichtsausdruck verraten die Aufmerksamkeit dem Fuhrmann gegenüber.

etwa 1,40 m große Hauspferderasse. Diese kleinen und zähen Pferde wurden selbst bei den schwersten Arbeiten zur Urbarmachung des Landes eingesetzt. Andernorts begründeten sich viele seit Jahrhunderten schon vorhandene, schwere Rassen oft im Rittertum des Mittelalters. Damals waren starke Gewichtsträger als leistungsfähige Bauernpferde geschätzt. Darauf basierend entwickelten sich später einige Kaltblutrassen (Shire, Percheron, Jütländer und daraus der Schleswiger).

Zudem begnügten sich die Bauern in erster Linie mit den vorhandenen Pferden der Region, weil schon Vater und Großvater damit gut gearbeitet hatten und zufrieden waren. Die Bauern waren an den Charakter ihrer Pferde gewöhnt. So wurde mancher Nachteil, der bei objektiver Beurteilung bemerkbar war, eher hingenommen. Schließlich prägte ja auch der jahrzehntelange Umgang mit einem bestimmten Pferdetyp die Menschen, sodass auch die Art der Zusammenarbeit danach ausgerichtet war. Auch der alte Bauer im fortgeschrittenen Alter, körperlich vielleicht nicht mehr ganz so rüstig, war durchaus in der Lage, eine junge, kitzelige Stute aus eigener Zucht mit in das Gespann zu nehmen. Er kannte die Eigenheiten seines Pferdeschlages und reagierte mit gelassener Ruhe auf mögliche Eskapaden des Jungpferdes. Schließlich hatte sich die Mutter im gleichen Alter ähnlich benommen und sich doch zu einem zuverlässigen Arbeitspartner entwickelt, reagierte auf den leisesten Zuruf und blieb ihr Leben lang wach und sensibel. So haben wohl viele ostpreußische Bauern genau die Eigenschaften ihrer hoch im Blut stehenden Pferden geschätzt. Für einen anderen Besitzer wären diese Pferde möglicherweise viel zu hektisch gewesen.

Diese über viele Generationen reichende Tradition sorgte dafür, dass das Bedürfnis nach einem anderen Pferdetyp kaum erwachte. Nicht zuletzt ließen die geringe Mobilität und eingeschränkte finanzielle Mittel den Gedanken an Neukauf anderer Pferde schon gar nicht zu, zumal die vorhandenen Pferde auch zu den herrschenden Verhältnissen wie Landschaft und Futtermittel passten.

Aber die bäuerlichen Betriebe waren damals wie heute der Dynamik und den Veränderungen ihrer Zeit ausgesetzt. Mit Beginn des Industriezeitalters machte sich der technische Fortschritt bei der Herstellung landwirtschaftlicher Geräte bemerkbar. Bald genügte der vom Dorfschmied gefertigte Pflug nicht mehr. Neue Modelle drangen tiefer in die Erde und drehten besser ab. Aber sie brauchten auch mehr Zugkraft, und so konnte man zwei kräftige Pferde jetzt schon gebrauchen.

## Wirtschaftliche Vorgaben

Gerade dieser Punkt beeinflusste die Auswahl der Arbeitspferde in besonderem Maße. Die alte Dreifelderwirtschaft wurde von der ertragreicheren, aber auch arbeitsintensiveren Fruchtfolgewirtschaft mehr und mehr verdrängt. Verstärkter Hackfruchtanbau mit tieferer Bodenkultur kam auf. Die ansteigende Bevölkerungszahl in den Städten bedingte einen höheren Bedarf an Grundnahrungsmitteln.

Diese gravierenden Veränderungen wirkten sich auf die bäuerlichen Betriebe und damit auch die Pferdeverwendung aus. Kam man bisher mit den landläufigen Rassen gut zurecht, so stellten sich mancherorts durch die gestiegenen Anforderungen Probleme ein bezüglich der Zugkraft. Wollte ein Bauer aufgrund von Boden und Absatzmöglichkeiten den Anbau von Hackfrüchten wie beispielsweise Zuckerrüben einführen oder verstärken, so bedurfte es zwangsläufig einer besseren Bodenkultur mit tieferer Pflugfurche und guter Lockerung. Schwere Erntefuhren zu ungünstiger Jahreszeit (aufgeweichte Böden im Herbst) waren auch zu berücksichtigen. Damit blieb dem Bauern möglicherweise keine andere Wahl, als von den angestammten Zucht- und Haltungsformen abzugehen, um mit den neuen Maßstäben Schritt halten zu können.

## Entwicklung der Kaltblutrassen

Während der Jahrhundertwende setzte dieser Prozess zuerst im Rheinland, dann auch in Westfalen und Sachsen ein. Diese Gegenden mit intensiver Ackerkultur gingen dadurch fast vollständig auf das Rheinisch-Deutsche Kaltblut über. Schon vor der Jahrhundertwende versuchte man durch Kreuzungen der vorhandenen Pferdeschläge mit englischen, dänischen und zum Teil auch mit französischen Kaltblutpferden ein schweres, ruhiges und genügsames Pferd zu züchten. Vor allem was den letzten Punkt betrifft, war man mit diesen Kreuzungen nicht zufrieden.

Erst mithilfe des Belgischen Kaltblutpferdes erreichte man das Zuchtziel vollständig. Mit einem Körpergewicht von 15 bis 20 Zentnern und einem Stockmaß von 1,60 bis 1,70 m hatte man ein schweres, großes und vor allem genügsames Kaltblutpferd, das auch im schwersten Zug ruhig und gelassen blieb. Das Rheinisch-Belgische Pferd, wie es bis in die 1930er-Jahre noch genannt wurde, zeichnete sich außerdem durch einen gutmütigen Charakter, Lernbereitschaft und eine robuste Konstitution aus. Mit diesen überaus positiven Eigenschaften verbreitete es sich fast überall im damaligen Deutschland.

Hier muss betont werden, dass im damaligen Deutschen Reich fast ausschließlich die wirtschaftlichen Aspekte für die Verwendung des Rheinischen Kaltbluts ausschlaggebend waren und weniger die durch Landschaft und Boden bedingten Gegebenheiten. Die Haltung und Verwendung reinrassiger Kaltblüter wurde natürlich in den angestammten Zuchtgebieten intensiver betrieben. Aber zur Verstärkung bodenständiger Schläge wurde das Rheinische Kaltblut fast überall eingesetzt und eingekreuzt, soweit dies die regionalen Gegebenheiten erlaubten.

In Ostpreußen, das als Warmblutgebiet bekannt war, standen zeitweilig mehr Kaltbluthengste als im Rheinland selbst. Beim ostpreußischen Kaltblut, das als Ermländer bekannt war, wurden die Ansprüche der Wirtschaft mit den Ansprüchen der dortigen Umwelt sehr harmonisch vereint. Es entstand auf Rheinisch-Deutscher Basis ein mittelschwerer Kaltblüter, etwa 15 Zentner schwer, mit gutem Schritt und vor allem einem fleißi-

Der bewährte Kipppflug „Hildebrand PN3" bei der Winterfurche im Einsatz.

gen Trab, um auch mit den weiten Entfernungen gut fertig zu werden. Gerade in Ostpreußen waren natürlich die mischblütigen Pferde besonders beliebt. Durch Einkreuzen der Kaltblüter konnten sich die Bauern so aus ihren eigenen Stuten stärkere Pferde selbst züchten. Schließlich beeinflusste auch die aufstrebende Industrie die Pferdezucht, vor allem im Westen Deutschlands.

Die Kaltblutrassen Schleswiger, Rheinisch-Deutsches Kaltblut, Süddeutsches Kaltblut (Noriker oder Oberländer), Ostpreußisches Kaltblut (Ermländer) und Schwarzwälder sind bereits für die Zeit vor 1945 als bodenständig zu bezeichnen. Es bedurfte keiner weiteren Fremdblutzufuhr, um die gewünschten Eigenschaften zu erhalten.

Nach all diesen Darstellungen sollte man jedoch nicht glauben, dass jeder Bauer die Möglichkeit hatte, die genau zu seinen Ansprüchen passenden Pferde zu halten. Statt dessen zeigen viele alte Fotos aus Familienalben oder aus Heimatbüchern, dass eine Vielzahl der Pferde, die dort im Geschirr zu sehen sind, Mischtypen von reinem Warmblut bis zum Kaltblut darstellen. Betrachtet man das Exterieur der Pferde genauer, wird man immer wieder bemerken, wie viele Abstufungen zwischen Warm- und Kaltblut möglich sind. Vielerorts wurden diese Mischtypen als Halbschlagpferde bezeichnet. Ein Elternteil war dabei eine Kaltblutkreuzung, der andere ein Warmblutschlag. Das breite Spektrum im äußeren Erscheinungsbild rührte daher, dass die ohnehin schon mischblütigen Pferde untereinander wieder gekreuzt wurden.

Im Allgemeinen hatte ein solches Halbschlagpferd eine mittlere Größe von 1,55 bis 1,65 m Stockmaß, einen kräftigen Körperbau mit einem Körpergewicht von etwa 600 bis

750 kg. Je nachdem, ob sich das Kalt- oder Warmblut durchgesetzt hatte, prägten die Charakteristika der einen oder anderen Rasse das Erscheinungsbild. Unter den etwas schwereren Importpferden aus Polen findet man auch heute noch genau diese Mischtypen.

Während und kurz nach dem 2. Weltkrieg kam es vielerorts auch zu Pferdezuteilungen. Diese Tiere stammten aus Restbeständen in- und ausländischer Truppen, die natürlich mehr mit schlechten Erfahrungen als mit Muskeln bepackt waren. So konnte es vorkommen, dass der Bauer statt seines zuverlässigen, schweren Einspänners ein Gespann Panjes (osteuropäisches Kleinpferd) bekam, von denen beide für landwirtschaftliche Arbeit wenig geeignet waren. Als Resultat entschied man sich vielleicht dafür, den Zugochsen zu behalten, der notgedrungen als Ersatz für den requirierten Kaltblüter angeschafft worden war. Gerade auch beim Zweiergespann bestand meist nicht die Möglichkeit einen Passer aufzutreiben. Dementsprechend gab es die kuriosesten Zusammenstellungen, was Farbe und Körperbau betrifft.

Ein amüsantes Extrem schilderte mir der Nachbar eines recht eigenwilligen Kleinbauern: „Das ganze Jahr fährt er nur mit seinem einen Pferd, aber beim Kartoffelnausmachen muss es zweispännig gehen. Dann kommt noch eine der Milchkühe mit in das Gespann und das Pferd muss die Kuh auch noch ziehen." So sollte es eigentlich nicht sein, aber selbst diese Möglichkeit der Anspannung wurde praktiziert, wenn auch nur vorübergehend.

## Warmblüter

Beim Trakehner stand allerdings im Gegensatz zu den übrigen genannten Rassen als Zuchtziel das gängige Reitpferd immer im Vordergrund. Das schließt natürlich nicht aus, dass die Zuchtstuten in den privaten Landwirtschaften auch in der Anspannung genutzt wurden. Alle anderen genannten Warmblutrassen

> Fast alle Warmblutrassen, die heute im Reitsport eingesetzt werden, wurden früher als Arbeitspferde genutzt, z. B.: Oldenburger, Hannoveraner, Holsteiner, Ostfriese, Westfale, Württemberger, Zweibrücker, Rottaler, Brandenburger, Mecklenburger, Pommersches Warmblut und auch Trakehner oder Ostpreußisches Warmblut.

wurden nach unterschiedlichen geschichtlichen Ursprüngen vor allem in der Zeit nach 1918 zu starkknochigen, rumpfigen Pferden herangezüchtet. Sie mussten allen landwirtschaftlichen Arbeiten gewachsen, dabei noch genügsam sein und auch die gelegentliche Verwendung als Reitpferd nicht ausschließen. Nach dem Ersten Weltkrieg wurden vor allem Hannoveraner und Oldenburger auch in anderen Zuchten Deutschlands eingesetzt, um den jeweiligen Rassestandard zu verändern. Diese beiden verkörpern am ehesten den schweren warmblütigen Wirtschaftsschlag.

## Ponys und Kleinpferde

Im Gegensatz zu den heutigen Verhältnissen existierte damals bei Ponys und Kleinpferden keine bodenständige Zucht. Der Bedarf an solchen Pferden wurde vor allem durch Importe aus Polen und Russland gedeckt. Während und nach dem Zweiten Weltkrieg wurden diese Panjes vereinzelt in Deutschland eingesetzt. Ihnen werden schon fast übernatürliche Kraft, Ausdauer, Zähigkeit und Langlebigkeit bei geringsten Futteransprüchen nachgesagt.

Im Norden fand gegen Ende des Krieges gelegentlich der Norweger Verwendung in der Landwirtschaft. Während der Umstellung auf den Schlepperzug Anfang der 1950er- bis Anfang der 1960er-Jahre wurde auf manchen Bauernhöfen immer noch ein Arbeitspferd für einige Aufgaben wie Sä- oder Pflegearbeiten gehalten. Oft waren es die genügsamen Nor-

Bereits das Fohlen lernt den Arbeitsalltag auf ganz selbstverständliche Weise kennen.

weger: bis 1,50 m große falbenfarbene Ponys, die hierfür eingesetzt wurden. Im Zuge der weiteren Technisierung und spätestens, wenn der alte Bauer aus dem Arbeitsprozess ausschied, war die Ära des Arbeitspferdes zu Ende. Deshalb wurde auch beim Norweger wie bei allen anderen ehemaligen Arbeitspferderassen das äußere Erscheinungsbild schnellstens den neuen Anforderungen des aufblühenden Sport- und Freizeitpferdemarktes angepasst. Der Gedanke, Pferde könnten in der Zukunft noch einmal eine Renaissance als Arbeitstier erfahren, existierte nicht.

Viele bewährte Eigenschaften der ehemaligen Arbeitspferde wie Nervenstärke, Genügsamkeit und robuste Gesundheit sind dabei bedauerlicherweise auf der Strecke geblieben. Mehr und mehr sieht man dies heute ein. Aber mittlerweile sind die alten Zuchtstämme fast völlig erloschen, nicht zuletzt fehlen auch die Möglichkeiten und das Engagement für das Wiederaufleben der Arbeitsschläge.

Trotz allem wäre es ein erstrebenswertes Ziel, diese in Vergessenheit geratenen Pferderassen und -schläge vor dem endgültigen Verschwinden zu bewahren.

Nicht nur das, sondern ein deutliches Aufleben der Zuchtbestände ist beim schweren Warmblut zu beobachten. Mit Sicherheit macht es Mode, etwa mit Altoldenburger Karossiers zu kutschieren, aber auch einige Engagierte nutzen die schweren Warmblüter wieder im landwirtschaftlichen Bereich und schätzen dabei ihre Zugkraft in Kombination mit Gängigkeit und ruhigem Wesen.

Schreibt noch 1994 Freiherr von Stenglin in dem Fachbuch „Deutsche Pferdezucht" unter Kap. 6 „Ausblick für die Zukunft des ostfriesischen Warmbluts" als letzten Satz: „Die Erzeugung von Wirtschafts- oder Arbeitspferden wird nicht angestrebt."

Im Gegensatz dazu vertreten heutige Personen aus der Zuchtleitung des schweren Warmbluts durchaus die Absicht, bei der Zucht ihrer Pferde auch die Eignung für Land- und Forstwirtschaft mit zu berücksichtigen, was sich beispielsweise darin äußert, auch kleinere Hengste und Stuten (um 1,60 m Stockmaß) zu beachten. Vorrang haben sicher Arbeitseignung, Charakter und Gesundheit, aber gerade die so brauchbaren ehemaligen Bauernpferde zeichneten sich durch „handliche" Stockmaße aus.

Pferd und Ochse vor einer Flügelmaschine. Früher eine gar nicht so selten genutzte Anspannung, um zeitweilige Arbeitsspitzen zu bewältigen.

Das heißt natürlich nicht, dass ein kleines schweres Warmblut automatisch in der Landwirtschaft „funktioniert", denn durch die jahrzehntelange Unterbrechung des alltäglichen Arbeitseinsatzes beim Bauern riss die Kenntnis über die genetische Veranlagung bestimmter Zuchtstämme für diese Nutzung ab. Dies wird meiner Ansicht nach viel zu stark unterschätzt. Erst der Alltagsgebrauch in den verschiedenen Anspannungen des landwirtschaftlichen Bedarfs bringt Licht in die Kernveranlagung des entsprechenden Pferdes. So kann dann nach Probieren und Beobachten das züchterische Reagieren erfolgen.

Was für das schwere Warmblut gilt, ist auch auf einige andere Rassen zu beziehen, die eventuell als Arbeitspferd wieder „aufgelegt" werden sollen. Hauptsächlich betrifft das die Kleinpferderassen Haflinger und Norweger. Wenn auch oben genannte Tendenzen nicht so konkret erkennbar sind, so wird doch zumindest in Betracht gezogen, den Wirtschaftstyp zurückzuzüchten. Zumindest sieht man die ständige Veredelung skeptischer und denkt und spricht wieder über die Vorzüge der alten Zuchtlinien.

Manch einer berichtet auf einmal von alten Begebenheiten, wo sich Pferde in normalen Arbeits- oder in Extremsituationen bewährt haben. Dann kommt nach meinen Erfahrungen aus dem Zuhörerkreis oder vom Erzähler selbst oft folgender Ausspruch: ... „das stell dir mal vor, das würde uns mit unseren heutigen Pferden passieren ...!"

## Bäuerliche Pferdehaltung

In der Vergangenheit waren die Unterschiede zwischen den einzelnen landwirtschaftlichen Betrieben sicher nicht geringer als heute. Auch die Pferdehaltung sah somit auf kleinen Höfen ganz anders aus als beispielweise auf großen landwirtschaftlichen Domänen, die zu Staatsgütern gehörten und von privaten Pächtern bewirtschaftet wurden.

### Bauernhof und landwirtschaftliche Gutsbetriebe

In der Zeit um 1930 ging man davon aus, dass mit einem etwa 750 kg schweren Pferd eine landwirtschaftliche Nutzfläche von etwa acht Hektar bewirtschaftet werden konnte. Man kann sich leicht vorstellen, wie viele Pferde nötig waren, um die Flächen der großen Güter vor allem in den Ostgebieten des damaligen Reiches in Bewirtschaftung zu halten.

Bei diesen Berechnungen darf man jedoch nicht vergessen, dass in den 1930er-Jahren schon die erste große Motorisierung in der Landwirtschaft stattfand. Vor allem das Tiefpflügen wurde in vielen Großbetrieben mit Schleppern, meistens Raupenschleppern oder auch Dampfpflügen, durchgeführt. Auch Erntearbeiten wie Getreidemähen und -binden wurden häufig schon mit Motorkraft verrichtet. Daher lässt sich die einfache Umrechnung von Fläche in Hektar auf die Anzahl der Arbeitspferde nicht so ohne Weiteres durchführen. Man kann sich damit nur eine ungefähre Vorstellung schaffen, wie viele Arbeitspferde auf den großen Landwirtschaften gehalten, untergebracht und versorgt werden mussten.

Kleine landwirtschaftliche Familienbetriebe arbeiteten zumeist mit einem, zwei oder maximal drei Zugpferden. Fast alle Nutztierarten waren auf dem Hof vertreten. Die individuelle Hofanlage war sehr unterschiedlich, es sei denn, es handelte sich um die Höfe, die in einem traditionellen regionalen Baustil einheitlich aussahen (Friesenhaus, niederdeutsches Einheitshaus oder mitteldeutsches Gehöft). Hier befand sich der Pferdestall immer neben der Diele mit einem Zugang zum Hausinneren, die Tiere hatten Familienanschluss. In den Bauernhöfen, die nicht in einem bestimmten Baustil angelegt waren, war der Pferdestall in den meisten Fällen ein den übrigen Viehställen angegliedertes Gebäude. Die Pferde im Kuhstall zu halten, wurde wegen der schlechten Luft vermieden. In Einzelfällen kam es jedoch trotzdem vor.

- Der Pferdestall muss eine etwas erhöhte Lage haben, damit er trocken und im Winter warm erhalten werden kann. Über 3 m hohe Ställe sind teuer und im Winter kalt. Der Stand der Pferde (Breite ca. 1,60 m) mit Gefälle von 4 bis 5 cm wird mit Kopfstein, Klinkern, Raubeton oder Holzpflaster ausgelegt, und durch Flankierbäume oder Wände geteilt, damit sich die Pferde nicht beißen oder schlagen können.
- Für Fohlenstuten und Fohlen sind Laufbuchten (für Stuten mit Fohlen 10 $m^2$) erforderlich.
- Die Stalltüren müssen nach außen aufschlagen und wenigstens 1,50 m breit und 2,50 m hoch sein. Der Pferdestall sei hell, weil in einem finsteren Stall die Pferde leicht scheu und furchtsam werden und an Augenübeln leiden, auch die Reinlichkeit leidet dabei. Doch bringt man Fenster im Rücken der Pferde an, andernfalls streicht man sie mit blauer Kalkfarbe zugleich als Schutz gegen die Fliegen.

## Anbindehaltung

Auf kleinen Betrieben wurde der Großteil der Pferde in Ständern gehalten, Boxen waren eine große Ausnahme. Man ging zur damaligen Zeit davon aus, dass die Pferde bei ihrer Arbeit ohnehin genug Bewegung erhielten, sodass ein Stall, der gerade genug Platz zum Liegen bot, ausreichend erschien. Die Anbindehaltung ist heute in weiten Teilen Deutschlands verboten.

So verschieden die einzelnen Bauernhöfe waren, so verschieden waren auch die Pferdeställe. In den kleineren Betrieben, wo das Pferd mit im Kuhstall gehalten werden musste, war meist am Ende der Kuhreihe ein Pferdestand mit Flankierbaum oder Trennwand abgegrenzt. Anbindung wie auch Trog und Krippe mussten der Anatomie des Pferdes angepasst werden. Auch der Bodenbelag entsprach den besonderen Erfordernissen, also dem höheren Körpergewicht, den scharfen Hufeisen und auch dem häufigen festen Aufstampfen mit den Hinterhufen, vor allem bei längeren Standzeiten.

Man versuchte schon damals, die Ansprüche der Arbeitspferde an Licht, Luft und ausreichend Platz zum Liegen mit den Möglichkeiten des Betriebes so gut wie möglich zu verbinden. Ausschlaggebend waren jedoch vor allem Platz und Arbeit sparende Aufstallung. Der Anbindestall war die gebräuchlichste Haltungsmethode. Dabei gab es die einseitige und die doppelseitige Aufstellung. Aus der Fachliteratur dieser Zeit (Schlipf's Handbuch der Landwirtschaft von 1942) kann man ersehen, dass die empfohlenen Stallmaße sich nicht erheblich von unseren heutigen Vorstellungen unterscheiden:

Die Krippen waren meist gemauert bis etwa 1 m Höhe. Als Trog wurde eine Halbschale aus Steingut, glattgeputztem Zementmörtel oder Naturstein benutzt. Bei der Heufütterung war man wegen der unnatürlichen Fresshaltung der Tiere schon während und kurz nach dem Krieg von der hochhängenden Korbraufe abgegangen. Außerdem führten herabfallender Staub und Heupartikel ständig zu Verschmutzung von Augen und Nüstern. In vielen Betrieben ging man daher zur Bodenraufe über, die eigentlich nichts anderes als eine gemauerte oder aus Holzbohlen gezimmerte Kiste in seitlicher Anlehnung an den Kraftfuttertrog darstellt.

Die Pferde waren meist mit lockerer Anbindekette oder -seil in der Mitte des Standes angebunden. Oft wurde eine feingliedrige Kette, an deren Ende sich ein Holzklotz oder auch ein Eisenring befand, benutzt. Diese etwa 1 m lange Kette lief durch einen in der Trogwand eingelassenen, beweglichen Ring. Damit konnte man weitgehend vermeiden, dass das Pferd beim Fressen auf oder über die Kette trat und sich darin verfing.

Ähnlich funktionerte die Anbindung an einer etwa 50 cm langen, vertikal am Trog eingelassenen Eisenstange. Der Endring der Anbindekette konnte sich so je nach der Kopfbewegung des Pferdes auf und ab bewegen. Bei dieser Methode blieb den Pferden das Gewicht des Holzklotzes oder Eisenringes erspart.

Die Anbindeseile oder -ketten wurden meist in einem Kreuzknebel in den unteren Ring eines stabilen Lederstallhalfters eingehängt. Panikhaken kannte man damals noch nicht. Gerade bei Kaltbluthalftern waren die Backen- oder Kinnstücke oft aus Kettengliedern hergestellt. Gelegentlich wurden auch stabile Lederhalsriemen benutzt, die den angebundenen Pferden wesentlich mehr Kopffreiheit erlaubten, allerdings bei Futterneid einen zu nahen Kontakt zum Nebenmann zuließen. Die Standabtrennung zum Nebenpferd war oft nur ein Flankierbaum, ein stabiles Rundholz, das vorn am Trog befestigt war. In manchen Ständen war er auch hinten fest fixiert, meistens wurde jedoch die bewegliche Aufhängung bevorzugt. Beim Aufstehen des Pferdes konnte der lose Flankierbaum ausweichen, wenn es dagegenstieß. Damit wurde dem Pferd jedoch auch die Gelegenheit für Neckereien mit dem Stallnachbarn gegeben. Auch eine handfeste Keilerei konnte so nicht verhindert werden. Die festen Wände waren meist aus Holz. Seltener wurden die Wände gemauert, wohl aus Kostengründen. In den Landgestüten waren solche Ständer jedoch noch bis vor Kurzem üblich.

Für die Stalltüren wurde eine Höhe von 2,20 bis 2,50 m empfohlen. Sie sollten mindestens 1,50 m breit und immer zweiflüglig sein. In 1,20 bis 1,50 m angebrachte kleine Rollen sollten Hüftverletzungen verhindern. Die Türen mussten natürlich immer nach außen zu öffnen sein.

In größeren Betrieben gab es sogar einzelne, abgelegene Quarantäneboxen. Für die eigene Nachzucht standen auch Abfohlboxen und Jungpferdeställe zur Verfügung. Diese Stallungen für Absetzer, Jungpferde oder Remonten waren große Laufställe, die einen ganzen Gebäudekomplex umfassen konnten und meist große Tore direkt zu den Weideflächen hatten.

Die Kartoffeln sind gefurcht. Mit dem Ackerwagen als universelles Transportgerät gehts wieder nach Hause.

## Stallboden

Pferdeställe wurden meist mit groben Kopfsteinen oder auch harten Klinkern, zumindest im hinteren Teil, gepflastert. Auch Holzpflaster wurde verwendet, vor allem für die vordere Standhälfte. Je nach Region benutzte man dazu die am besten verfügbare Holzart, zum Beispiel Eichen-, Eschen- oder Lärchenholz. Beton- oder Zementböden waren dagegen selten.

Die Unterbringung der Pferde würde heutzutage wohl in vielen Fällen den Ansprüchen und Forderungen des Tierschutzes nicht mehr genügen. Aber für die Arbeitstiere mit fast täglichem Einsatz war ausreichende Bewegung selbstverständlich.

Heute hingegen ist man der Meinung, dass sich gerade ein stark beanspruchtes Pferd auch ungezwungen bewegen und im Liegen ausstrecken will. Dies ist sicher richtig, jedoch kannten die Arbeitspferde damals nichts anderes als ihren Anbindestall. Die Tiere machten nach getaner Arbeit auf einem Hinterbein ruhend einen zufriedenen Eindruck und konnten sich auch im Ständer hinlegen und ihren Feierabend genießen.

## Einstreu

In den meisten Landwirtschaften wurde grundsätzlich Stroh verwendet. Mit dem Strohschneider auf Halmlängen von etwa 10 bis 20 cm gebracht, verbesserte man die Saugfähigkeit und erleichterte die Verarbeitung des Mistes. Wenn möglich, wurde weicheres Roggenstroh bevorzugt. Auch soll die Kolikgefahr beim Strohfressen geringer gewesen sein, da es sich um weiches, gut verdauliches Stroh handelt.

Morgens wurde aus den Ständen der frische Mist herausholt, die noch verwendbare Einstreu unter dem Pferd weggenommen und hinter dem Stand deponiert. Eine dünne Schicht beließ man unter den Pferd als saugfähige Unterlage. Vor der Nacht wurde sauber gemistet und im hinteren Bereich die alte Einstreu wieder eingebracht. Im vorderen Bereich streute man frisches Stroh nach.

Sägemehl war allgemein wegen der schlechten Auswirkung auf den Boden verpönt, während Strohmist hoch geschätzt war. Gelegentlich benutzte man auch Torf als dünne Tageseinstreu, zumeist in Gegenden mit natürlichem Torfvorkommen. Hier konnte man das Notwendige (warmes, weiches und trockenes Lager für das Pferd) mit dem Nützlichen (verwertbaren Dünger produzieren) verbinden.

## Pferdeweide

Vergleicht man die damaligen Arbeitspferde mit den heutigen Freizeitpferden was den Weidegang betrifft, so zeigt sich eine umgekehrte Proportionalität. Was das eine früher an Arbeitszeit hatte, kommt dem anderen heute an Weide- oder Freizeit zu. Die ausschließlich zur Arbeit genutzten Pferde ließ man bis auf Sonn- und Feiertage mit einigermaßen gutem Wetter kaum auf die Weide. Landwirtschaftliche Betriebe mit hofnahen Weiden mögen auch an Arbeitstagen den Pferden Weidegang gegönnt haben. Dies war aber eher die Ausnahme. Man muss heute bedenken, dass der Arbeitstag auf einem Bauernhof ohnehin schon früh genug begann (etwa um 4.30 Uhr morgens). Waren die Pferde auf der Koppel, musste man sie erst zum Füttern in den Stall bringen und anschließend gründlich putzen. Für ein Arbeitspferd, das auf dem Acker täglich 20 km zurückgelegt hatte, schien die zusätzliche Bewegung unangebracht. Man war auch der Meinung, dass ein kräftiges und ausdauerndes Pferd trocken gefüttert werden muss. Von üppigen Grasfressern hielt man wenig. So blieben dem Arbeitspferd eigentlich nur die Sonn- und Feiertage, an denen es sich zwanglos bewegen durfte.

Schließlich spielte dabei auch das Wetter eine Rolle. Da es reine Pferdeausläufe kaum gab, wurde die nächste abgefressene Rinderweide oder auch ein schon älterer Baumhof genutzt. Bei der sparsamen Haushaltung in früherer Zeit waren tiefe Hufabdrücke in einer vom Regen aufgeweichten Nutzweide nicht gern gesehen.

Die abgegrasten Kuhweiden bevorzugte man in erster Linie wegen der auch heute propagierten positiven wechselseitigen Weidenutzung durch Pferde und Rinder. Zudem mussten die Pferdehalter davon ausgehen, dass nach mehreren Tagen Stallfütterung eine richtige Gier nach Weidegrün bestand. Zu üppiger Grasbewuchs konnte leicht fatale Folgen wie Kolik oder Kreuzverschlag nach sich ziehen, besonders bei hohem Kleeanteil.

Entsprechend der hauptsächlichen Nutzung durch Rinder waren die Weiden überwiegend mit Stacheldraht eingezäunt. Auch damals gab es die sogenannten Zaunspringer, mitunter sogar schwere Pferde, die nichts anderes im Sinn hatten, als über den nächsten Zaun zu springen, um auf dem angrenzenden Stück zu grasen oder eventuell auch einen mehr oder weniger ausgedehnten Spaziergang zu machen. Wie unangenehm solche Unterfangen gerade bei Stacheldrahtzäunen sein konnten, muss wohl kaum näher beschrieben werden.

In arbeitsstilleren Zeiten konnte es schon vorkommen, dass die Pferde halb oder ganztags Weidegang genießen durften. Dies kam in kleineren Einpferdebetrieben schon eher vor als in den großen Landwirtschaften, die mehr Personal beschäftigten und oft auch noch Lohnfahrten machten. Im Winter versuchte man zumindest jeden zweiten Tag Beschäftigung für die Pferde zu haben. Ansonsten blieben die Tiere im Stall und kamen je nach Einstellung des Besitzers und Wetterlage einmal am Tag aufs Hofgelände oder auch auf die nahegelegene Weide. Viele Pferde mussten auch tagelang im Stall bleiben.

## Pferdezucht

Tragende Stuten, Fohlenstuten, Absetzer und Jungpferde wurden im Allgemeinen anders behandelt. Sie bekamen so viel Weidegang wie möglich. Die Zuchtstuten gingen in den meisten landwirtschaftlichen Betrieben bis etwa 14 Tage vor dem Abfohltermin, oft sogar noch länger, mit im Gespann. Jedoch versuchte man, ihnen auch während der Arbeitswoche etwas Weidezeit zu gönnen. In vielen Betrieben, die regelmäßig Fohlen erwarteten, waren für diese Zeit Ersatzpferde verfügbar.

Nach der Geburt des Fohlens wurde die Mutterstute einige Tage, je nach Betrieb sogar einige Wochen nicht zur Arbeit eingesetzt. Wurde sie wieder eingespannt, musste das Fohlen neben dem Wagen mitlaufen oder bei kürzerem Wegbleiben der Mutter auch im Stall warten.

Absetzer und Jungpferde genossen sicherlich die freieste und unbeschwerteste Zeit. Auch in der landwirtschaftlichen Fachliteratur dieser Zeit wird immer wieder der ausgiebige und uneingeschränkte Weidegang als unbedingt notwendig gefordert. Die positiven Einflüsse freier Bewegung in frischer Luft bei jedem Wetter waren durchaus bekannt und als unverzichtbar zur Heranbildung eines kräftigen Körpers und ausgeglichenen Charakters genannt. Nicht zu vergessen war die gesundheitsfördernde und kräftigende Gras- und Kräuternahrung auf der Weide.

Auch die Entwicklung der Fohlenhufe war im starken Maß von viel Bewegung auf guten Weiden abhängig. Die Fohlenweiden sollten hoch gelegen, trocken und mit nahrhaften Gräser bewachsen sein. Frisches Wasser und eine Schutzhütte, zumindest aber Schatten spendende Bäume und Gebüsche sollten vorhanden sein. Diese Forderung konnte je nach Lage und Besitzverhältnissen der Höfe nicht immer vollständig erfüllt werden. In den meisten Fällen war jedoch die Bereitschaft vorhanden, zumal den Bauern klar war, dass ein im Stall aufgewachsenes Pferd nie die Konstitution für einen möglichst langen Arbeitseinsatz erreichen konnte und deshalb bei einem eventuellen Verkauf auch nur einen geringeren Erlös erzielen würde.

Zur Weideumzäunung verwendete man wenn möglich Rundhölzer oder Riegel (halbbreite Rundhölzer), um die Verletzungsgefahr vor allem bei den ersten Weideausflügen zu verringern. Auf den meisten Höfen gab es deshalb die ganz oder teilweise mit Holz eingezäunten Kälber- und Fohlenkoppeln in unmittelbarer Nähe des Hauses.

Die Wechselbeweidung mit Rindern war die am häufigsten empfohlene Methode. Dabei sollten die Bauern die Umtriebsmethode als Grundvoraussetzung für eine rationelle und gesunderhaltende Bewirtschaftung der Weiden anwenden. In Abständen von drei bis fünf Tagen wurde umgetrieben. Im Ratgeber für den praktischen Landwirt von Hans Haase ist dazu zu lesen:

> Dabei werden drei Gruppen gebildet:
> 1. Hochmelkende Kühe und eventuell Mutterstuten
> 2. Niedermelkende und trockenstehende Kühe und Masttiere
> 3. Jungvieh, Fohlen, Pferde
>
> Auf Dauerweiden bringen Fohlen den besten Ausgleich durch Abfressen der Geilstellen.
> Die Koppeln sollen dann stets mit Pferden und Rindern gemeinsam besetzt sein. Doch dürfen Fohlen und Pferde nicht mehr als 15 % am Gesamtauftriebsgewicht ausmachen.
> Pferde allein verderben durch den Stoß der Hufe und sehr kurzen Verbiss stets eine Weide, weil sie immer auf derselben Stelle grasen.
> Außerdem schädigt der scharfe Verbiss der Tiere bei zu starkem Bestand die Gräser und Kleearten und fördert die Unkräuter, insbesondere die Wegericharten, Löwenzahn und Gänseblümchen.
> Dieses sogenannte „Totweiden“ muss unter allen Umständen verhindert werden. Die Futteraufnahme eines mittelstarken Pferdes (ca. 650 kg) beläuft sich auf 70 bis 80 kg täglich.

So mancher Pferdehalter heute kennt diese Weideprobleme nur zu gut. Damals konnte man sich das zu starke Herunterkommen einer Weide nicht leisten. So blieben die Bedürfnisse des Pferdes schon eher hinter den wirtschaftlichen Zwängen zurück. Die heutzutage genutzten Paddocks und Sandausläufe waren damals weitgehend unbekannt. Nur die großen Gestüte wie Trakehnen besaßen Hauptbeschälerboxen mit Außenpaddocks. Landwirtschaftliche Güter, die meist eigene Außenhöfe nur für die Pferdezucht hatten, konnten natürlich gerade in der Fohlenaufzucht durch große Weiden und ausgedehnte Ausläufe bei schlechtem Wetter die optimale Lösung schaffen.

## Fütterung

Grundsätzlich versuchte wohl jeder landwirtschaftliche Betrieb, der seine Pferde zur Arbeit und auch zum Verkauf heranzog, möglichst viel Weidegang zu ermöglichen. Diese natürliche Form der Ernährung und Haltung garantierte auf entsprechenden Weiden eine gesunde und kräftige Entwicklung der Fohlen und auch dauerhafte, gute Kondition der Mutterstute.

Arbeitspferde und aufgestallte Jungpferde wurden mit Heu, Hafer und Stroh gefüttert. Oft wurde gehäckseltes Roggenstroh mit Hafer oder anderen Futtermitteln vermischt. Damit wurde zu schnelles Herunterschlingen des Hafers vermieden. Auf fast allen Betrieben gab es dafür Häckselmaschinen, mit denen das Langstroh in 2 bis 5 cm lange Stücke je nach Bedarf zerkleinert wurde. Mithilfe von Schüttelsieben und mit einem Magneten für eiserne Fremdkörper im Stroh bekam man eine gute und saubere Futterqualität.

Als Faustformel galt, dass ein mittelschweres Pferd mit etwa 650 kg Körpergewicht bei normaler Arbeit täglich 7 kg Heu, 6 kg Hafer, 2 kg Häcksel und etwa 2 kg Streustroh benötigte. Leichtere Pferde erhielten weniger, schwerere Pferde mehr. Doch kurz vor und während des Zweiten Weltkrieges wurden immer stärker alternative Futtermittel eingesetzt. So konnte man in dieser Krisenzeit vor allem den in trockenen Lagen oft knappen Hafer durch Hackfrüchte, vor allem Futterrüben und Kartoffeln, ersetzen. Das gute Wiesenheu und Luzerne fütterte man den Milchkühen und Fohlen. Den Arbeitspferden wurde älteres Heu oder auch ein Heu-Roggenstrohgemisch gegeben.

Im Sommer wurde teilweise auch frisches Grünfutter in zwei Mahlzeiten zu je 40 kg mit eiweißreichem Ergänzungsfutter wie Zucker- und Gehaltsrübenschnitzeln oder Kartoffelschnitzeln mit Häcksel gemischt. Außerdem gab es reichlich Futterstroh zum Sattfressen. Besonders kaltblütigen Schlägen wurden bis zu 20 kg Kartoffeln pro Tag verfüttert (3 bis 4 kg Kartoffeln ersetzten 1 kg Hafer). Vor dem Füttern wurden die Kartoffeln meist eingesäuert oder gedämpft. Das Körnerfutter sollte dann etwa 1/2 bis 1 Stunde vor der Grünfütterung gegeben werden, da die Körner sonst nicht gut verdaut wurden.

Genauso verhielt es sich mit dem Tränken. Da man keine Selbsttränken kannte, wurden die Pferde immer vor der Fütterung getränkt. Beim Tränken unmittelbar nach dem Füttern würden die Körner wegen des geringen Volumens des Pferdemagens unverdaut in den Darm gespült werden. Außerdem wurde darauf geachtet, dass die Pferde nicht zu erhitzt waren oder zu hastig tranken. Ein Heuwisch auf dem gefüllten Wassereimer verhinderte dies.

An Feiertagen achtete der Bauer genauestens darauf, nur die Hälfte der Kraftfutterrationen zu füttern. Nur so konnte man dem gefürchteten Kreuzverschlag, einer höchst gefährlichen Stoffwechselkrankheit der regelmäßig hart arbeitenden Pferde vorbeugen. Grundsätzlich war man darauf bedacht, möglichst trocken zu füttern, um vermehrtes Einspeicheln und damit eine bessere Verdauung einzuleiten. Trotzdem musste das gehäckselte Stroh meist leicht angefeuchtet werden, damit die Pferde es im Trog nicht wegpusten konnten.

Die drei Futterzeiten am Tag dauerten jeweils zwei Stunden. Morgens um 5 Uhr gab

Futterpause während der Rückearbeit. Eingeknebelte Mundstücke sind dann besonders praktisch.

es die erste Ration, damit um 7 Uhr angespannt werden konnte. Mittags und abends wurde nochmals gefüttert. Die Hauptmengen, vor allem Heu, gab es am Abend. „Wenig und oft füttern“ war die Devise, was ja der Natur des Pferdes entgegenkommt. Das Rind dagegen frisst sich schnell voll, legt sich dann hin und käut in Ruhe wieder. Aufgrund dieser Tatsache war auch der Arbeitsablauf auf dem Hof in sehr starkem Maße an die Fress- und Ruhezeiten der Arbeitspferde gebunden.

## Pferdepflege

Auch die Pflege des Arbeitspferdes wurde mit ganz besonderer Sorgfalt durchgeführt. Nach dem alten Spruch „Gut geputzt ist halb gefüttert“ wurden die Pferde schon morgens kurz nach dem Füttern mit Striegel und Kardätsche sorgfältig geputzt. Die Vorteile des intensiven Putzens waren den Pferdehaltern gut bekannt. Bei Stallpferden wurden Fell und Haut nicht durch die Witterungseinflüsse auf der Weide abgehärtet. Gründliche Massage war daher notwendig. Die ständige Schweißabsonderung und das tägliche Tragen des Geschirrs auf immer denselben Körperstellen verursachte Juckreiz. Außerdem war bekannt, dass die Massage der Haut als dem größten Körperorgan eine äußerst positive Auswirkung auf den Stoffwechsel und die Verdauung hat. Und schließlich war das Putzen auch wichtig für ein positives Verhältnis zwischen Mensch und Pferd.

Je nach Witterung und Jahreszeit gehörte zu dieser Grundpflege auch noch das Abreiben mit Strohwischen, das Kühlen der Beine und das Auswaschen der Augen und Nüstern bei großer Hitze nach der Arbeit. Die vom Zuggeschirr stark beanspruchten und entsprechend verschwitzten Stellen wurden oft in der Mittagspause mit Wasser, teilweise mit einem Schuss Essig dazu, abgewaschen. Bei kühlem Wetter wurden die Pferde mit Stroh abgerieben und anschließend so lange eingedeckt, bis sie trocken waren. Wo vorhanden nutzte man im Sommer einen breiten Bach oder einen flachen Teich gern als Schwemme. Für die Pferde war dies nach getaner Arbeit eine besondere Erholung.

## Hufbeschlag

Um einen dauerhaften Arbeitseinsatz zu gewährleisten, durften die Hufe nicht vernachlässigt werden. Dies betraf sowohl das junge, heranwachsende Fohlen wie auch das Arbeitspferd. Durch regelmäßige Korrektur der Fohlenhufe wurden spätere Problemfälle weitgehend vermieden. Außerdem konnte man das Fohlen so schon früh an den Schmied gewöhnen und auf den späteren Hufbeschlag vorbereiten.

Die meisten Arbeispferde wurden beschlagen, vor allem in Gebieten mit vielen befestigten Straßen und Wegen. Vor und nach der Arbeit mussten die Eisen auf festen Sitz überprüft werden und der Huf gleichzeitig nach eingetretenen Fremdkörpern untersucht werden. Abgenutzte Stollen und Griffe beeinträchtigten den vollen und sicheren Arbeitseinsatz der Pferde.

Den Griff, eine etwa 4 bis 5 cm breite Erhöhung vorn in der Mitte des Hufeisens, brauchte das schwer ziehende Pferd vor allem, um sich beim Anziehen und Bewegen einer schweren Last am Untergrund regelrecht festzukrallen. Man kann sich vorstellen, wie sehr das Vertrauen eines zugwilligen Pferdes in seine eigene Kraft und in seinen Fuhrmann litt, wenn es wiederholt wegen glatter Hufeisen wegrutschte und sich womöglich noch verletzte.

Die Stollen, jeweils am hinteren Ende der Hufeisenschenkel angebracht, sorgten für Trittfestigkeit. Außerdem glichen sie den Höhenunterschied aus, der durch den Vordergriff gegeben war. Die Stollen mussten immer etwas höher sein als der Griff, um die Beugesehnen beim Abfußen zu entlasten. Außerdem waren die Stollen beim Bergabfahren mit der ungebremsten Kippkarre beispielsweise (S. 33) unentbehrlich. Man musste daher die auch damals schon bekannten Nachteile des Stollenbeschlages wie das ungleichmäßige Auffußen des Hufes oder den Punktdruck auf Huf und damit Sehnen und Knochenapparat in Kauf nehmen. Letztlich waren die Zugpferde doch die Motoren der bäuerlichen Wirtschaft und mussten unter allen Umständen einsatzbereit gehalten werden.

Griff und Stollen waren in bergigen Gebieten ganzjährig, in der Ebene meist nur im Winter notwendig. Die Pferde, die viel auf Kopfsteinpflaster gingen, benötigten immer einen Hufbeschlag. Alle sechs Wochen mussten die Pferde zum Schmied. Dort wurden die Eisen abgenommen und der Huf ausgeschnitten. Gut erhaltene Hufeisen wurden im aufgearbeiteten Zustand wiederverwendet oder neue Eisen angepasst. Die Hufeisen wurden entweder vom Schmied komplett aus Flacheisenstücken gefertigt, oder man verwendete vorgeformte Rohlinge, die nur noch individuell angepasst werden mussten. Die Stollen wurden in unterschiedlichen Formen entsprechend der besonderen Anatomie des Pferdehufes hergestellt. Die Griffe wurden aus Flacheisenstücken ebenfalls im heiß gestauchten Zustand im Feuer auf die Eisen geschweißt. Das fertig zugerichtete Eisen wurde dann heiß auf den Huf aufgebrannt, damit es exakt zu der Hufform passte.

Bei der Arbeit im Wald ist es unvermeidbar, dass sich hin und wieder ein Eisen lockert oder ganz abgeht. Mit dem richtigen Handwerkszeug und der nötigen Erfahrung kann man sich auch selbst behelfen.

Der Kaltbeschlag, bei dem der Huf nur mit Hauklinge, Messer und Raspel an das Eisen angepasst werden konnte, war verpönt. Er ist heute dagegen im östlichen Europa (Polen, Ungarn) weit verbreitet. „Ein Kaltschmied kommt nicht in den Himmel" ist die Meinung eines alten hiesigen Schmiedes zu diesem Thema.

Vor allem im Winter mussten die Bauern und Fuhrleute bei plötzlichem Frost sofort den Schmied aufsuchen, um die Eisen „scharf machen zu lassen". Auch noch fest sitzende Eisen wurden abgenommen, und die ansonsten stumpfen Stollen und Griffe wurden durch spitze oder meißelartige ersetzt. Je nach Arbeitsintensität musste dies alle paar Tage wiederholt werden. Erst mit dem verstärkten Aufkommen der neuen Materialien verwendete man vielerorts Hartstahlstollen und -griffe. Steck-, Schraub oder Schweißstollen wurden in verschiedenen Formen hergestellt. Es gab Meißelstollen, spitze Stollen, H-Stollen, W-Griffe, Meißelgriffe und viele andere Formen.

„Ohne Huf kein Pferd" war und ist ein Merksatz, den jeder Bauer und Pferdehalter schon damals bei der Pflege des Pferdes im Gedächtnis behalten musste. Spätestens, wenn bei der Feldarbeit beim Wenden ein Eisen heruntergetreten wurde, erinnerte man sich wieder daran.

# Wagen und Geräte für die Arbeit mit Pferden

Fast alle im folgenden aufgeführten Geräte wurden auch für Zugochsen oder Kühe eingesetzt, es handelte sich also nicht um Spezialgeräte für Pferde. Um bei manchen Geräten allerdings optimale Leistung zu erreichen, war die Pferdeanspannung schon die günstigere. Daher waren auch die Konstruktionen eher auf die Eigenschaften des Zugpferdes, vor allem die schnellere Gangart ausgerichtet.

## Wagentypen

### Kastenwagen

Schon die Erfindung des primitiven Holzpfluges brachte es mit sich, dass Mensch und Tier beim Transport von Erntegut überfordert waren. Größere Tierhaltung produzierte mehr Mist, der auf die Felder gebracht werden musste. Die Menschen verbrauchten mehr Baumaterial und Brennholz. Ein leistungsfähiges Transportmittel wurde benötigt. So entstand der einachsige Karren mit starrer Deichsel. Daraus entwickelte man bald den zweiachsigen Wagen, der bis in unsere Zeit im Grundaufbau gleich geblieben ist. Achse, Rad, Lenkschemel und Langbaum sind die vier Hauptelemente des Untergestells, auf das je nach Nutzung ein Kasten oder Leiteraufbau aufgesetzt werden kann. Die Bauelemente bestanden bis in die Mitte unseres Jahrhunderts überwiegend aus Holz mit schmiedeeisernen Verbindungen und Verstärkungen. Achsen und Bremsvorrichtungen wurden in den letzten Jahrhunderten schon komplett aus Eisen gefertigt. Im Dorf lagen Stellmacherei und Schmiede deshalb bis in die jüngste Vergangenheit immer nah beieinander.

Ein traditionelles Bauerngespann: was man hat, wird vorgespannt. Süddeutsches Kaltblut und Schweres Warmblut am Miststreuer.

Beim Kastenwagen liegt eine stabile Bodenpritsche aus Holzbrettern oder Bohlen vorn auf dem Drehschemel und hinten auf dem starren Schemel des Hinterwagens auf, eingeklemmt zwischen den seitlich in den Schemeln eingezapften Rungen. Gegen diese schräg nach außen/oben weisenden, stabilen Hölzer stellt man von innen feste Bretterwände. Vorn und hinten werden einfache Lattenfalzen angeschlagen, in die die Stirnwände eingeschoben werden können. Diese müssen natürlich genau auf den Neigungswinkel der Rungen und Seitenbretter zugerichtet sein, um sauber in die Lattenfalz zu passen und so einen dichten und stabilen Kasten zu bilden. Je nach Länge der Rungen ist die Kastenhöhe variabel.

Die hohen Holzräder ermöglichen beim Einschlagen kein Unterdrehen unter den Wagen. Daher ist die Bodenbreite, die durch den Rungenabstand vorgegeben wird, ziemlich schmal ausgerichtet, um noch einen halbwegs passablen Einschlagwinkel zu ermöglichen. Die Manövrierfähigkeit der Wagen ist trotzdem ziemlich gering. Zum Wenden braucht man schon etwas Platz. Der Kasten verbreitert sich nach oben erheblich. Die Seitenkräfte können durch die Ladung in einem hohen Kastenaufbau beträchtlich werden. Daher werden die Rungen häufig über ein gewölbtes Holz auf den äußeren Teil der Radnabe abgestützt.

Das unüberhörbare Geräusch, das die eisenbereiften Räder an den Verschleißeisen des Wagenrahmens verursachen, warnt allerdings damals wie heute den Fuhrmann bei der Kurvenfahrt vor noch stärkerem Einschlagen. Auch die Pferde, die ständig vor solchen

Wagen gehen, kennen den Einschlagwinkel und respektieren den Widerstand, den die am Wagenrahmen anschlagenden Räder ausüben. Um auf engem Raum zu wenden, muss mehrmals mit maximalem Einschlagwinkel vorgezogen und zurückrangiert werden.

Die Deichsel des Kastenwagens mündet vorn in der Zusammenführung der zwei seitlichen Drehschemelarme. Mit einem waagerechten Bolzen arretiert ist sie in der Höhe beweglich. Das Waagscheit, der Zugansatzpunkt (S. 89), befindet sich kurz vor der Einsteckung der Deichsel in die zusammengeführten Drehschemelarme.

An der Deichselspitze sind zwei etwa 70 cm lange Aufhalteketten mit Ringen und einem Endknebel befestigt, der je nach der gewünschten Länge in einem der vorhandenen Ringe eingehängt werden kann. Sowohl der Kasten- wie auch der im folgenden beschriebene Leiterwagen wurden auch einspännig gezogen. Durch eine einfache Steckverbindung, meist mittels eines etwa fingerdicken Rundeisens wird eine Schere am Rahmen des Vorderwagens befestigt. Sie ist dadurch wie an einem Scharnier in der Höhe beweglich und ermöglicht auch bei unebenem Boden einen flexiblen Höhenausgleich.

### Bremse

In der Ebene bremsen zum Teil nur die Zugtiere. Die Wagen haben natürlich auch eine Klotzbremse, die auf den eisernen Radreifen drückt. Mithilfe einer Kurbel kann ein quer unter dem Wagen durchgeführter Balken, an dem passend zum Radstand die Bremsklötze befestigt sind, auf die Räder zu bewegt werden. Bremsketten, die in die Speichen eingehängt werden, und Hemmschuhe aus Holz und Eisen kamen früher in steilen Lagen auch zum Einsatz. Ihr Verschleiß ist aber bei langen Bergabfahrten denkbar hoch.

Bei Bergauffahrten in steilen Gebieten besteht bei plötzlichem Anhalten mit schwerer Last die Gefahr, dass der Wagen rückwärts rollt. Um dies zu verhindern, kann hinten am Wagen ein an Ketten aufgehängter Bremsbalken befestigt werden, der bei Bedarf auf den Boden gelassen und knapp hinter den Hinterrädern mitgezogen wird. Stoppt die Fuhre, laufen die Hinterräder sofort gegen den Balken wie gegen einen Bremskeil auf. Das Anfahren kann danach wieder völlig unproblematisch vonstatten gehen.

### Holzräder

Wer jemals ein altes Holzrad eingehend betrachtet hat und sich dann bewusst macht, welche Maschinen und Werkzeuge damals dafür zur Verfügung standen, der muss es als ein Meisterwerk der Technik und Präzision anerkennen. All die handwerklichen Feinheiten des Holzrades werden nur selten erkannt und verstanden. Die Grundelemete sind die Nabe, die Speichen, die Felge und die Felgensicherung.

Die Nabe, ein fast zylindrisches Holzteil befindet sich genau im Zentrum des Rades. In seiner konischen Bohrung steckt in der Mitte eine entsprechend geformte Metallbuchse, die früher vor allem bei Arbeitswagen mithilfe von Sackleinen oder Langstroh genau in die hölzernen Bohrung zentriert wurde. Das Rad eierte dann nicht. Die Nabe wird vierfach mit Eisenbändern gehalten. Die konischen Speichenlöcher sind im dicken Teil der Nabe eingestemmt. Die Speichenrichtung zeigt deutlich nach außen, sodass die Mitte der Felge leicht außerhalb der Mitte der Nabe zu liegen kommt. Damit ist das Rad weniger empfindlich gegenüber seitlichem Auffahren auf Hindernisse wie Bordsteine. Diese Wirkung wird zusätzlich durch einen leicht negativen Sturz des gesamten Rades unterstützt.

Die Felge besteht aus vier bis sechs Einzelteilen, die rundgeschnitten, teilweise sogar gebogen sind. Diese Teile werden durch den Eisenreifen, der damals vom Schmied kunstvoll aufgeschrumpft wurde, mit Spannung zum Zentrum hin zusammengedrückt. Diese

Die Rheinisch-Deutschen Kaltblüter „Kelly" und „Herkules" vor dem Jauchewagen. Das Fass hat 850 l Inhalt.

äußerst stabile und funktionstüchtige Konstruktion konnte bei etwas Wartung und trockener Unterbringung Jahrzehnte im Arbeitseinsatz bleiben.

Aber die Holzräder hatten natürlich auch gravierende Nachteile, die sie fast gänzlich verschwinden ließen. Die Herstellung war sehr aufwendig, nur ausgesuchte Materialien konnten verwendet werden. Auf den immer mehr aufkommenden Pflasterstraßen war der Verschleiß sehr hoch. Der Rollwiderstand bei schwerer Ladung war durch die schmalen Räder vor allem auf lockerem Boden enorm.

## Einachsige Kippkarre

Aus vielen Gegenden kaum wegzudenken war die Schlagkarre, Kippkarre oder Sturzkarre, manchmal auch als Rump bezeichnet. Bei dieser Karre trägt eine Achse mit zwei hohen Holzrädern einen kippbaren Kastenaufbau. Die Scherbäume sind fest mit der Achse verbunden, der Kippdrehpunkt des Kastens liegt hinter der Achse. Im ungekippten Zustand wird der Kastenaufbau im vorderen Bereich mit einem kleinen Bolzen arretiert. Die Karre ist so ausbalanciert, dass sie mit gleichmäßiger Ladung eher etwas vorderlastig ist. Das Zugtier bekommt so über einen Tragesattel etwas Gewicht der Ladung auf den Rücken. Deshalb sind auch die Scherbäume sehr stabil. Beim Abkippen wird der Bolzen gelöst, und der Kastenaufbau kann mit einem herausklappbaren Handhebel oder auch durch Schulterdruck des Fuhrmannes unter den Kastenboden so weit hochgedrückt werden, dass die Ladung nach hinten Übergewicht bekommt und den Kasten zum Kippen bringt. Dies wird durch hecklastiges Beladen oder, wo möglich, durch Bergabrichten der Fuhre erleichtert.
Während der Lastfahrt sollte die Karre jedoch nicht nach oben schnappen, da dies für die Pferde sehr unangenehm ist. Dabei drückt dann ein Teil des Ladungsgewichtes über den Schnappriemen, der unter dem Pferdebauch von einem Scherbaum zum anderen verläuft, auf den Pferdekörper.

Dies wirkt sich natürlich auf die Zugkraft des Pferdes negativ aus, zumal ja gerade in schwerem Zug das Körpergewicht des Pferdes die Kraftübertragung auf den Boden entscheidend beeinflusst. Deshalb nimmt man es schon eher in Kauf, etwas Ladungsgewicht über den gut gepolsterten Karrensattel auf den Pferderücken zu übertragen. Man sagt: „Die Karrenpferde sollen über den Rücken ziehen." Eine schwere Fracht liegt dann ruhiger, und das Pferd kann seine Zugkraft uneingeschränkt entfalten.

Für die Bauern oder Fuhrleute war die Kippkarre damals sehr bequem. Vorwärts wie rückwärts ist sie sehr wendig. Das Pferd muss allerdings schon ein gewisses Mindestgewicht haben, angepasst an die Bauweise und Größe der Karre. Durch die starre Verbindung über die Scherbäume muss es nicht nur die Schwankungen nach vorn und hinten ausgleichen, sondern auch die Stöße abfangen, die durch unebene Straßen entstehen können. Ein leichtes Pferd kann sogar umgeworfen werden, wenn ein Rad beispielsweise an einer Böschung oder einem Graben abrutscht.

Eine Bremse ist bei diesen Karren nicht vorhanden. Das Karrenpferd muss die Last mit seinem Körpergewicht aufhalten. Abgenutzte Stollen können daher fatale Folgen haben, wenn das Pferd auf nasser oder rutschiger Straße keinen Halt mehr finden kann. Bei längeren Bergabfahrten behalf man sich früher mit Bremsklötzen oder Bremsketten. Auf langen Strecken mit schwerer Ladung bergauf musste man dem Pferd ab und zu eine Pause gönnen. Dann wurde die Karre um 90° gewendet, sodass das Pferd quer zur Straßenneigung in Ruhe und ohne Belastung stehen konnte. Die Kippkarre wurde meistens vom Boden aus gefahren. Mit einem kurzen Führzügel ging der Fuhrmann daneben her und lenkte sein Gespann hauptsächlich mit Stimme und Peitschenzeichen.

Starke Verwendung fand die Kippkarre in den Mittelgebirgsregionen, aber auch in den Rübenanbaugebieten Deutschlands, wie zum Beispiel im Rheinland. Die ein- und zweiachsigen Kastenwagen wurden häufig für schwere Ladungen benutzt, wie Rüben, Kartoffeln, Stallmist, Erde oder Bauschutt. Beim zweiachsigen Kastenwagen können Heck und Seitenbretter herausgenommen werden. Damit wird das Abladen erleichtert. Lose Güter werden abgekippt, Mist wird mit der Gabel abgeladen.

## Leiterwagen

Der nächste Wagentyp, der auf keinem Betrieb fehlte, war der Leiterwagen. In den meisten Fällen konnte das Grundgestell des Ackerwagens durch wenige Veränderungen zum Kastenwagen, Leiterwagen und sogar zum Langholzwagen umgebaut werden. Es gab natürlich auch Höfe, die sowohl Kastenwagen als auch Leiterwagen besaßen und gebrauchten.

Der Oberbau des Leiterwagens besteht aus zwei seitlich an den Rungen anstellbaren Leiterfeldern, die am Bodenbrett eingeklemmt werden. Oben, vorn und hinten werden sie mit einem hölzernen Querriegel stabilisiert. Der obere Leiterholm kann teilweise noch zusätzlich mit einer Holzstange und schmiedeeisernen Verbindungsstücken auf der Achskappe abgestützt werden. So kann man die Wagen oben breit beladen. Die sehr schräg stehenden Leitern bewirken einen idealen Zusammenhalt der Fuhre. Durch die Erschütterungen beim Transport sackt das Ladegut ohnehin immer zur Mitte hin und nach unten zusammen.

Wenn hohe Fracht wie Heu, Stroh oder Garben noch gesichert werden muss, werden Stricke diagonal über die Ladung gezogen. Gebräuchlicher ist aber ein Baum, der in einen vorn an den zwei oberen Leiterholmen angebundenen Strick eingelegt wird. Der Baum kann auch in eine kleine, senkrecht angebrachte Leiter je nach Höhe der Ladung eingesteckt werden. Anschließend wird er hinten mit einem Seil stramm heruntergezogen.

Die Länge der Leiterwagen hängt auch von der Bespannung ab. 5 bis 7,5 m lange Wägen waren in manchen Gebieten durchaus üblich. Langhalmiges Ladegut wurde mit Hand aufgeladen. Dabei waren zwei Leute mit dem Beladen beschäftigt, ein Dritter verteilte die Fuder auf dem Wagen. Von ihm hing es ab, ob der Wagen besonders hoch beladen werden konnte. Die Gabeln, die zum Aufladen benutzt wurden, hatten recht lange Stiele, damit man möglichst hoch reichen konnte. Abgeladen wurde mit denselben Gabeln. Zum Schluss konnte der Höhenunterschied zu den Füllluken ganz erheblich sein. Auf vielen Bauernhöfen wurden eiserne Greifzangen zum Abladen der Leiterwagen benutzt. Mit einem langen Seil wurden sie über eine hoch angehängte Umlenkrolle von Hand auf- und abbewegt.

## Jauchewagen

Trinkwasser oder auch Jauche wurde früher in einem Fass transportiert, das auf zwei Längsholmen auf dem Wagenuntergestell angebracht war. Je nachdem, wie eng der Wagenboden war, konnte es auch zwischen den Rungen eingeklemmt werden. Die Fässer hatten ein Fassungsvermögen von 500 bis 1.000 l. Kleinere Fässer konnten auch auf das Untergestell einer Kippkarre gesetzt werden. Das Verteilen und Breitsprühen der Jauche erfolgte über ein gewölbtes Prallblech hinten am Ablaufstutzen. Je weiter der Inhalt abnahm, desto unangenehmer wurde das Fahren mit solchen Jauche- oder Wasserwagen. Die Flüssigkeit kam bei Bodenunebenheiten, Wendungen und Tempoveränderungen ins Schwanken und verursachte recht unangenehme Zug- und Schubkräfte für das Gespann.

## Langholzwagen

Um längeres Rund- oder Schnittholz zu transportieren konnte der Langbaum, der die Verbindung zwischen vorderem Lenkschemel und hinterem Achsschemel darstellte, beliebig verschoben werden. Das Holz wurde dann direkt zwischen die Rungen gelegt. Bei noch längeren Lasten verzichtete man ganz auf den Langbaum und stellte die Verbindung von Vorder- und Hinterschemel mit dem zu transportierenden Langholz her. Mithilfe von Ketten befestigte man den Vorder- und Hinterschemel an der aufliegenden Fracht.

Auch in der Wartung waren diese Geräte recht anspruchslos. Gelegentliches Schmieren der Räder, Überprüfen der Eisenbeschläge auf festen Sitz und vor allem Kontrolle der eisernen Radreifen auf Abnutzung und straffen Sitz reichten aus. Wurden die Wagen längere Zeit nicht benutzt, mussten sie an einem trockenen Ort untergestellt werden. Die Räder sollten auf erdigem Untergrund aufgebockt werden, um Feuchtwerden und damit Fäulnisprozesse an den hölzernen Felgen zu vermeiden.

All diese Wagentypen zeichneten sich durch eine stabile Bauweise einerseits und durch eine hohe Geländegängigkeit andererseits aus. Durch die hohen Räder konnten Unebenheiten auf den Straßen und Feldern gut überwunden werden. Ein weiterer Vorteil war ihre einfache und durchschaubare Konstruktion. Einzelne Bauteile konnten vom Handwerker vor Ort oder durch den Bauern selbst ausgewechselt werden. Vor allem hölzerne Ersatzteile wurden problemlos nachgebaut, sodass der Schmied nur noch mit Eisen einfassen oder verstärken musste. Damit waren die hölzernen Ackerwagen den Anforderungen ihrer Zeit optimal angepasst.

Trotz dieser Vorteile konstruierte man schon zu Beginn des 20. Jahrhunderts andere, bessere Wagen für den landwirtschaftlichen Gebrauch. Großer Zugwiderstand auf lockeren Fahrbahnen, hoher Verschleiß auf den mehr und mehr aufkommenden Pflasterstraßen und relativ unflexible, meist nur auf eine Verwendungsart ausgerichtete Bauweise waren große Nachteile dieser Wagen.

## Gummibereifter Plattformwagen

Nach der Jahrhundertwende machte man sich vor allem die Erkenntnisse aus dem jungen Automobilbau für landwirtschaftliche Wagen zunutze. Die größte Errungenschaft war wohl das gummibereifte Rad, das etwa auf sandigen

Gummibereifter Plattformwagen und Jauchewagen mit hölzernem Grundaufbau.
Das Fohlen lernt schon früh die Aufgaben kennen, die ihm später bevorstehen mögen.

Böden nur die Hälfte des Fahrwiderstandes eines eisernen Rades hatte. Der eingesparte Rollwiderstand ermöglichte damit eine entsprechend höhere Nutzlast.

Die Lagerung der Räder auf der Achse war teilweise noch ein Problem. Bis in die 1930er-Jahre waren diese neuen Wagentypen kaum verbreitet. Da sie zu teuer waren, wurde improvisiert. Man baute sich Ackerwagen aus ausgeschlachteten alten Autos oder setzte gummibereifte Achsen unter die üblichen hölzernen Ackerwagen. Doch gerade für die großen Güter im Osten war es wichtig, die vorhandenen Zugkräfte optimal zu nutzen. So wurde von 1931 bis 1934 daran intensiv weiterentwickelt. Es entstand der gummibereifte Plattformwagen in einer Einheitsform, die bis heute im Grundprinzip gleichgeblieben ist.

Auf der gummibereiften Vorder- und Hinterachse ist eine Plattform angebracht, die in ihrer Breite dem Radstand entspricht, teilweise auch darüber hinausragt. Durch eine hintere und zwei seitliche, herunterklappbare Bordwände hat man einen geschlossenen Wagenkasten. Vorn ist der Kutschbock angebracht. Das Fußbrett ist am Vorderteil des Wagenkastens mit einem geländerartigen Rundeisen ausgestattet und gibt dem Wagenlenker besseren Halt. Die Deichsel oder Schere wird an der Verlängerung des Untergestells des Vorderwagens befestigt. Beim Zweispänner ist die Zugwaage meist in ein nach hinten geöffnetes Winkeleisen eingelegt und mit Bolzen gesichert. Teilweise ist das Waagscheit aber auch an der Deichsel mit einem senkrechten Bolzen angebracht. Gebremst wird meistens nur die Hinterachse über eine Trommelbremse mit Seilzug. Dieser führt über einen Hebel nach vorn zum Kutschbock. Von dort wird mit einer Spindel oder auch mit einem Schwenkhebel gebremst, der auf ein gezahntes Eisen einrasten kann.

Die Wagen sind teilweise mit Halb-Elipsenfedern (Blattfedern) ausgestattet. Bei hoher Ladung wie etwa Garben kann dies jedoch gefährlich sein. Vor allem im schrägen Gelände ist die Seitenneigung sehr stark. Daher legt man die Blattfederung entweder sehr hart aus oder man baut Gummipuffer zwischen Achse und Wagenkasten ein.

Durch die Luftbereifung werden Unebenheiten im Vergleich zu den eisenbereiften Wagen schon erheblich abgedämpft. Ein weiterer großer Vorteil der neuen Wagen ist der Drehkranz, ein geschlossenes kreisförmiges Bauteil, das anstelle des Lenkschemels beim hölzernen Wagen verwendet wird. Dieser Drehkranz besteht aus zwei flachen, übereinanderliegenden Ringen oder einem Hohlkranz mit Kugellager. Ersterer ist schwergängig und muss ständig geschmiert werden. Der kugelgelagerte Drehkranz ist dagegen ziemlich wartungsfrei und sehr leichtgängig. Sein Nachteil ist jedoch, dass die Deichsel bei Unebenheiten entsprechend heftig an die Pferde schlagen kann. Trotzdem sind die Vorteile des Drehkranzes enorm. Der Vorderwagen ist damit wesentlich stabiler, und der Lenkbereich ist fast unbegrenzt, zumal ja auch die Räder unter dem Wagenkasten Platz finden. Wagen mit Achsschenkellenkung wurden damals zwar auch gebaut, setzten sich jedoch nicht durch.

Diese Plattformwagen sind zwischen 3,20 und 4,50 m lang und zwischen 1,40 und 2,00 m breit. Im täglichen Gebrauch waren die Wagen sehr vielseitig. Mit geschlossenem Wagenkasten und zusätzlichen Aufsatzbracken konnte man Kartoffeln oder Rüben in Mengen aufladen, die man bisher nicht erreicht hatte. Der verminderte Rollwiderstand durch die Luftbereifung ermöglichte höhere Ladung.

Die Bordwände konnten problemlos schräg gestellt werden, um auf möglichst großer Fläche zu laden. Ein schräg nach oben aufgesetztes Ladegatter an der Heckbordwand gab dabei Halt für die losen Fuhren. Es wurden verschiedene Ladetechniken entwickelt, um möglichst viele Garben oder Heufuder transportieren zu können. Das Gewicht dieser

Ladung spielte ja kaum eine Rolle. Vom Leiterwagen übernahm man den Bindebaum und die Seile zur Sicherung des losen Frachtgutes.

Der Plattformwagen eignete sich damals für alle anfallenden Transportarbeiten des Bauernhofes: Stallmistausbringen, Düngertransport, Brand- oder Pfahlholzfahren, Grünfutterholen oder Milchkannentransport. Dieser Wagen hat sich in seiner universellen Verwendbarkeit bis in die heutige Zeit gehalten, wenn auch manche Aufgaben inzwischen von Spezialgeräten wie beispielsweise dem Miststreuer übernommen wurden oder durch die Umstrukturierungen in der Landwirtschaft ganz weggefallen sind.

Ab den 1950er-Jahren wurde dieser Wagen auch als Seitenkipper, handbetrieben über Zahnstange oder Ölpumpe, gebaut. Das zusätzliche Eigengewicht durch den zweiten Rahmen machte sich zwar bemerkbar, wurde aber in den flachen Regionen Deutschlands in Kauf genommen.

**Zusammenfassung Ackerwagen**

Ein brauchbarer Ackerwagen ist die Grundvoraussetzung für jegliche Zugarbeit mit Pferden. Für den Arbeitseinsatz sind die luftbereiften Plateauwagen den Leiterwagen auf jeden Fall vorzuziehen. Die Geländeverhältnisse, Wagengröße, das Gewicht und die Bespannung müssen aufeinander abgestimmt sein. Deichsel, Schere, Waage und Ortscheite müssen für zu erwartende Höchstlasten ausgelegt sein, ebenso die Bremse. Bei Fahrten in der Dunkelheit gehören Rückstrahler bzw. weißes und rotes Licht zumindest durch eine gut sichtbar aufgehängte Leuchte an den Wagen.

## Pflug

Das klassische Werkzeug des Bauern ist bis heute der Pflug. Aus ersten hölzernen, teilweise mit Steinspitzen versehenen Geräten entwickelten sich Pflugformen mit eisernen Verschleißteilen. Anfangs wurden sie nur zum Lockern des Bodens gebraucht, ähnlich den zum Teil heute noch benutzten Kartoffelhäufelpflügen. Die eigentlichen Pflüge, die nicht

Lipizzanerkreuzung, Süddeutsches Kaltblut und schweres Warmblut am bewährten Kipp-Pflug Hildebrand PN3.

Mit derartig einfach gebauten Stelzradpflügen wird in Ungarn noch heute in Weinbaugebieten gearbeitet.

nur den Boden aufreißen, sondern einen Bodenstreifen abschneiden und ihn dann wenden, entstanden erst als Ergebnis langjähriger Entwicklungen. Bis in die 1950er-Jahre wurden viele verschiedene Pflüge für die Arbeit mit Zugtieren verwendet. Ihre unterschiedlichen Bauarten und Funktionsweisen waren durch Landschaft und Boden der jeweiligen Region, in der die Pflüge ursprünglich entwickelt wurden, bedingt.

Trotzdem war und ist ihr Grundaufbau gleich: das Grindel aus Holz oder Eisen, an dem hinten ein oder zwei Griffe, die Sterzen, in Handhöhe angebracht sind. Am Grindel befindet sich der eigentliche Pflugkörper, bestehend aus Schar und Streichblech. Das Schar führt unter der zu pflügenden Furche einen waagerechten Schnitt durch. Das Streichblech nimmt die abgeschnittene Erde auf, dreht sie um und wirft sie neben die Furche.

Ein flaches Eisen ragt nach hinten in Höhe des Schars heraus, die sogenannte Pflugsohle. Sie sorgt für eine stabile Führung des Pflugkörpers in der Erde und ermöglicht überhaupt erst das Entstehen einer Furche. Vor diesem Pflugkörper ebenfalls am Grindel befindet sich eine messerartige, senkrecht die Erde anschneidende starke Klinge, das Sech oder auch Kolter genannt.

Vor diesem Sech wiederum kann der Vorschäler angebracht sein. Vom Aufbau und der Wirkung entspricht er einem kleinen Pflugkörper, der ziemlich flach eingestellt ist und die oberste Vegetationsschicht anritzt und ankippt. Damit ist ein gründliches Unterbringen durch den eigentlichen Pflug gewährleistet. Sech und Vorschäler können auf einem schon bearbeiteten Feld mit recht lockerer Bodenstruktur ohne Mist, Stroh oder Grünwuchs auch weggelassen werden. All diese Teile gehören zum Grundaufbau jedes Gespannpfluges. Natürlich war damals noch eine Zugvorrichtung am Grindel angebracht, an der die Anspannung des Pferdes eingehängt wurde.

So ist beispielsweise auch der Schwingpflug aufgebaut, der in Gegenden mit gleichmäßig lockeren, leichten Böden Verwendung fand. Ihm fehlt jedoch das Fahrgestell, die Pflugkarre, die bei allen anderen Pflugarten vorhanden ist. Diese Pflugkarre ist eine Achse mit zwei Rädern und einem Rahmenaufbau, in den der vordere Teil des Grindels höhenverstellbar eingelegt wird. An Vorderkarre oder Vorderwagen befindet sich auch die Zugvorrichtung. Läuft der Pflugkörper direkt zwi-

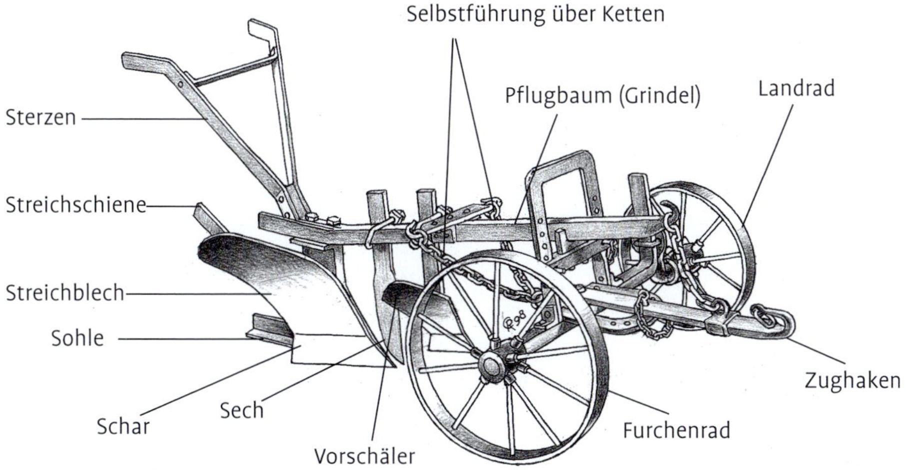


Beetpflug mit Vorderkarre.

schen zwei Rädern und wird vorn oder hinten von einem dritten Rad gestützt, spricht man von einem Rahmenpflug.

Durch ihre Arbeitsweise unterscheidet man die Pflüge in zwei Gruppen: Beetpflüge und Wende-, Kehr- oder Drehpflüge.

## Beetpflug

Mit dem Beetpflug kann die Erde nur in eine Richtung gewendet werden. Man teilt das Feld in Beete von mindestens 4 m bis zu einer bei der Leerfahrt noch vertretbaren Breite ein. Mit zwei Fluchtstäben im letzten Drittel der Feldlänge wird eine zum Feldrand parallele Flucht in der Mitte des ersten Beetes gesteckt. Auf dieser Linie wird sehr flach die erste Furche gezogen, zurück muss der Pflug etwas tiefer greifen, um liegen zu bleiben. Ergebnis soll eine flache, breite, sauber ausgeräumte Furche sein, die Spaltfurche. Etwas tiefer wird nun der linke, mit der aufgeworfenen Erde der Spaltfurche bedeckte Furchenstreifen zurück zur Mitte gewendet. Bei der Rückfahrt wird die zweite Hälfte der Spaltfurche zur Mitte gepflügt, der Zusammenschlag zur „Krone“. Sie soll flach liegen und keine Vegetationsreste zeigen. Mit den folgenden zwei bis drei Umgängen erreicht man die geforderte Pflugtiefe. Die Krone soll nachher nicht aus dem Beet herausragen. Bis zum Feldrand wird im Zusammenschlag weiter gepflügt. Sind durch die Feldbreite mehrere Beete erforderlich, so ist in passendem Abstand zur letzten Furche des ersten Beetes eine weitere Krone zu pflügen. Hat man auf knapp einen Meter an das erste Beet herangepflügt, muss der letzte Streifen allmählich flacher gewendet werden. Den ca. 5 bis 7 cm breiten Reststreifen pflügt man mit etwas tiefer greifendem Pflug sauber aus. So entsteht eine Schlussfurche als Ergebnis des Auseinanderschlages. Das letzte Beet wird auch im Auseinanderschlag in der letzten Schlussfurche endend gepflügt.

## Wendepflug

Man kann sich vorstellen, dass der Beetpflug als ursprüngliche Pflugform überwiegend in Gegenden verwendet wurde, die möglichst rechteckige, gleichmäßig geformte Feldflächen boten. Zudem musste die Landschaft auch möglichst eben sein, damit keine gefährlichen Bodenerosionen durch die Auspflugfurchen, die ja wie Rinnen im Acker liegen, verursacht wurden. Außerdem spielt in der Ebene die

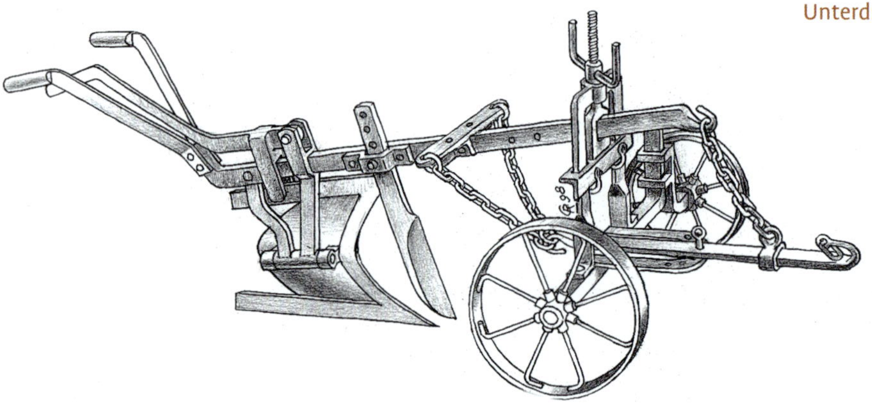

Unterdrehpflug.

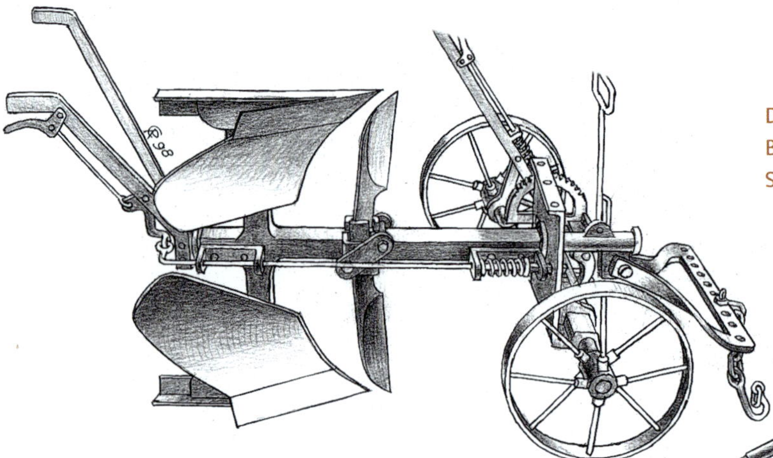

Drehpflug im Typ des Brabanter Pfluges als Selbsthalter.

Kipp-Pflug.

Richtung, in die ein Erdstreifen gewendet wird, nur eine untergeordnete Rolle. In Hanglagen hingegen, wo ohnehin ständig eine Bodenbewegung hangabwärts stattfindet, sollten die Erdschollen möglichst nur bergwärts gewendet werden. Die Feldkonturen waren hier dem Gelände angepasst und dementsprechend ziemlich unsymmetrisch.

Etwa um das Jahr 1200 versuchte man bereits, eine Rechts- bzw. Linksfurche zu erhalten, indem das damals noch hölzerne Streichbrett abwechselnd rechts und links angesteckt wurde. Daraus entwickelte man die Wendepflüge heutiger Bauart. Man kann mit ihnen Hin- und Zurückpflügen in eine Wenderichtung. Die Erdstreifen werden nur in eine Richtung geworfen, es entstehen keine Mittelrücken und keine Auspflugfurchen. Anpflügen und Auspflügen ist nicht mehr nötig, auch die Leerfahrt an den Kopfenden entfällt. Zusätzlich wird die Bearbeitung unregelmäßiger Feldstücke wesentlich erleichtert. In Hanglagen kann der gesamte Acker gleichmäßig bergwärts gewendet werden.

Von diesen Pflügen gibt es drei Grundformen: den Unterdrehpflug, den Drehpflug und den Kipp-Pflug.

## Unterdrehpflug

Der Unterdrehpflug war überwiegend in Gebirgsregionen verbreitet. Unter dem Grindel befindet sich ein Pflugkörper, an dessen Streichblech zwei Schare sitzen. Dieser Pflugkörper wird am Feldende über eine kleine Achse unter dem Grindel gedreht. Er eignet sich nicht für tiefe Pflugarbeit. Auch dreht er die Schollen nicht vollständig um, sondern stellt sie lediglich gegeneinander. Sein Streichblech ist nur gewölbt, ihm fehlt die schraubenförmige Drehung. Trotzdem war dieser Pflug schon damals weit verbreitet und konnte äußerst vielseitig eingesetzt werden, nicht zuletzt wegen seines geringen Zugkraftbedarfs. Auf flachgründigen Gebirgsböden wurde damit auch die Winterfurche gepflügt, Mist untergebracht und im Frühjahr Kartoffeln gesetzt. Daneben wurde er als Stoppelschälpflug mit einer Furchentiefe von 5 bis 7 cm eingesetzt.

Dieser Pflug hat keine Selbstführung, wie sie teilweise schon beim Beetpflug vorhanden ist. Beim Unterdrehpflug wird der hölzerne oder eiserne Grindel lose in den höhenverstellbaren Rahmen am Vorderwagen eingelegt. Über die Zugkette, die von der Mitte des Grindels ausgehend am Vorderwagen eingehängt wird, stabilisiert sich der Pflug in der Vorwärtsbewegung. Wie breit der Pflug nun abschneidet, hängt vom Winkel des Schars zum Sohleneisen ab. Bei diesen Pflügen kann man die Breite gut verstellen. Drückt man den Sterz zum unbearbeiteten Land hin, zieht der Pflugkörper zu Furche hin. Umgekehrt zieht er sich im Acker fest und springt schließlich ganz heraus. Man braucht hier also schon ein ruhiges Zugtier, einen vollständigen, intakten Pflug und genügend Fingerspitzengefühl, um mit einem Pflug ohne Selbsthalterung ein zufriedenstellendes Ergebnis zu erhalten.

Dieser Pflug reagiert stark auf Bodenunebenheiten, Steine oder Veränderungen der Bodenstruktur. Ein Herausspringen des Pfluges kann daher oftmals nicht mehr verhindert werden, man muss rückwärtsrichten und neu ansetzen.

> Man kann sich nun vorstellen, wie schwer es ist, mit einem Schwingpflug, der ja nicht einmal eine Vorderkarre besitzt, ordentlich zu arbeiten. Die Bodenstruktur spielt dabei natürlich eine ganz entscheidende Rolle.

## Drehpflug

Der Drehpflug hat zwei sich gegenüberliegende Pflugkörper, die mit dem Grindel gedreht werden können. Beim Pflügen ragt also immer ein Pflugkörper in die Luft. Er wurde aus einem Pflug entwickelt, der bis in die 1950er-Jahre in den Mittelgebirgsregionen vor allem für Wiesenumbrüche genutzt wurde. Man nannte ihn meist nur „Rummschmeißer“, wohl wegen des Wenden des Pfluges am Feldende. Das hölzerne, vorn eisenbeschlagene Grindel liegt lose wie beim Unterdrehpflug im Vorderwagen auf. Beim Wenden wird hinten am Sterz ein eiserner Doppelhaken gelöst. So können die beiden Pflugkörper mit dem Grindel gedreht werden. Der Haken wird auf der anderen Seite wieder eingelegt, und man kann wieder zurückpflügen.

Diese Pflüge zeichnen sich durch eine stabile Bauweise und lange, deutlich schraubenförmig gedrehte Streichbleche aus. Die Furchenbreite ist auf ein relativ schmales Maß festgelegt. Verändern kann man sie höchstens, indem man den Sterz mehr oder weniger schräg hält. Der Pflug besitzt auch keine Selbsthalterung, was die Arbeit mit ihm nicht gerade erleichtert.

Durch seine guten Abdreheigenschaften und die relativ schmale Abnahme war er natürlich als Pflug für Umbrüche bestens geeignet. Sein Zugkraftbedarf war jedoch schon höher, sodass mindestens ein mittelschweres Pferd mit etwa 700 kg Körpergewicht oder auch ein kräftiger Zugochse benötigt wurde.

Der eigentliche Drehpflug, dessen Grundtyp der Brabanter Pflug darstellt, ist ganz aus Eisen. Er besitzt ebenfalls zwei vollständige Pflugkörper und Messerseche am Grindel, das fest mit der Vorderkarre verbunden ist. Durch eine spezielle Konstruktion wird der Pflug in einer bestimmten vertikalen Stellung zum Boden weitgehend starr gehalten.

Der große Vorteil dieses Drehpfluges gegenüber den eben beschriebenen Pflugtypen liegt in der Selbstführung.

Rechte Seite:
Beetpflug als Schwingpflug im Einsatz. Hier ist größte Aufmerksamkeit von Pferd und Mensch gefordert.

Wiesenumbruch. Auch mit einem ungleichen Gespann wie diesem kann gute Arbeit geleistet werden – der 26 Jahre alte „Rubin“ kann durch die verstellte Zugwaage (S. 89) mit dem Kaltblüter mithalten.

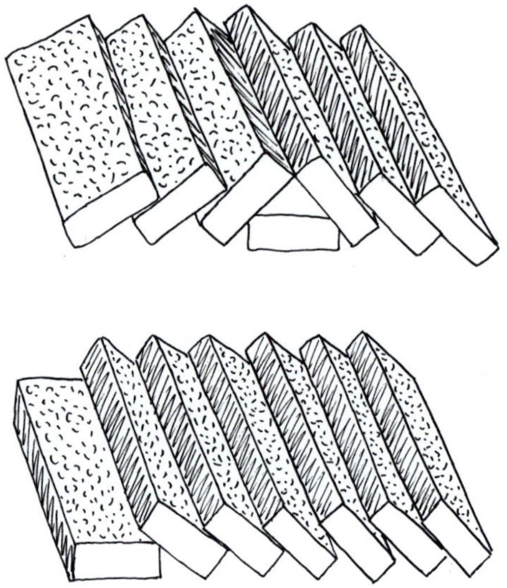

Lage der Schollen beim Einsatz des Beetpfluges (oben) und des Drehpfluges (unten).

Den Selbstgänger muss man jedoch unbedingt korrekt einstellen, um sauber arbeiten zu können. Von Hand kann man kleine Richtungsveränderungen durch Zug oder Druck am Sterz erreichen, aber die Grundführung kann und soll dem Pflug nicht abgenommen werden. Dieser Karrenpflug wurde sehr häufig verwendet und ist auch heute noch halbwegs intakt in vielen Scheunen und auf den Speichern mancher Höfe zu finden.

Die Selbsthalterung ist folgendermaßen aufgebaut: Ein Rundeisengestänge führt entlang des Grindels zum Vorderwagen und kann mit einem Handhebel am Sterzengriff bewegt werden. Vorn am Gestänge ist ein sehr starker, halb abgeplatteter Bolzen in einer Führung angeschmiedet. Durch Federdruck wird der Bolzen in eine eiserne Nut eingeschoben. Diese ist höhenverstellbar und befindet sich links und rechts an der vertikalen Achse des Vorderwagens. Damit erhält der Pflugkörper hinten über das Grindel eine bestimmte, relativ starre Stellung zum Untergrund. Sowohl die Nut als auch die Bolzenführung haben jedoch immer etwas Spiel, was sich auch auf die Pflugeinstellung auswirkt. Dies kann der Pflügende nutzen, wenn die Furche etwas schmaler oder etwas breiter werden soll. Durch Zug oder Druck an den Sterzen kann Richtungsänderung bewirkt werden. Beim Wenden wird mit einem Handhebel am Sterzengriff der Arretierungsbolzen gegen den Federdruck aus der Nut gezogen. Der Pflug ist dann frei und kann leicht um die Grindelachse gedreht werden. Der Bolzen verriegelt sich sofort wieder von selbst durch Federdruck auf der anderen Seite.

Wird diese Nut nur wenige Millimeter höher oder tiefer geschoben, verändert sich die Stellung des Pfluges zum Acker deutlich. Wenn sich der Pflug zu stark furchenwärts neigt, zieht er sich im ungepflügten Land fest und springt schließlich heraus. Ist er zu stark landwärts gestellt, gleitet er schnell in die Furche ab und will nicht mehr greifen. Der Tiefgang des Pfluges kann mit Spindel oder Schwenkhebel am Vorderwagen reguliert werden.

Weitere Voraussetzung für ein einwandfreies Arbeiten des Pfluges sind scharfe Schare und Seche und eine stabile, unverschlissene Pflugsohle sowie korrekt gehende Pferde. Bei der Arbeit mit einem gut eingestellten Selbsthaltepflug muss höchstens noch eingegriffen werden, um eine Krümmung in der Furche auszugleichen oder bei steinigem Boden das Herausspringen zu verhindern.

## Kipp-Pflug

Bei sehr tiefer Pflugfurche, vor allem wenn auch noch Grünmasse oder Mist unterzupflügen ist, kann es beim Drehpflug bisweilen zu Verstopfungen durch den ziemlich tief liegenden Grindel kommen. So ging man im Rheinland mit seiner Tiefkultur im Rübenanbau schon Anfang des 20. Jahrhunderts zum Kipp-Pflug über.

Hier liegen zwei Pflugkörper sich in Fahrtrichtung gegenüber. Die Pflugkarre befindet sich genau in der Mitte und wird beim Wenden nicht mitgedreht. Sie läuft mit einem großen Furchenrad und einem kleinen Landrad immer hin und her. Am Feldende wird der Pflugkörper, der gerade gearbeitet hat, ausgehoben. Wie bei einer Wippe kippt der bei der Hinfahrt hochragende Pflugteil herunter. Dann ziehen die Pferde die Zugkette des Pfluges unter dem Landrad durch. Beim Anziehen pendelt die Achse des Pflugkarrens unter dem Grindel ein kleines Stück nach vorn. Damit erhält der einsetzende Pflugkörper die nötige Mehrbelastung, um entsprechend greifen zu können.

Mit diesem Pendelmechanismus kann auch der Tiefgang des Pfluges verändert werden. Je weiter das Fahrgestell vorgezogen wird, umso tiefer dringt der Pflug in den Boden. Durch den großen Abstand zwischen dem Grindel und der Streichblechoberkante kommt es auch bei sehr tiefem Pflügen nicht zu Verstopfungen. Der Pflug zeichnet sich außerdem durch eine stabile Selbstführung und bequeme Handhabung beim Pflügen aus. In Hanglagen ist vor allem beim Wenden der hohe Schwerpunkt durch den in die Luft ragenden Pflugteil zu beachten. Der Kipp-Pflug wurde jedoch früher hauptsächlich in den tiefgründigen Ebenen verwendet.

## Pflügen mit dem Wendepflug

Mit richtig eingestellten Wendepflügen ist es bei relativ einfacher Arbeitsweise möglich, einen gleichmäßig strukturierten Acker zu erhalten. Trotzdem müssen dabei noch einige Punkte berücksichtigt werden: Zu Beginn der Arbeit zieht man an den Kopfenden des Feldes eine Einlassfurche. Die Furche braucht nur flach zu sein und wird nach außen geworfen. Man erhält so einen günstigen Ansatz, an dem der Pflug beim Einlassen sofort greifen kann. Zum Wenden von Pferd und Pflug sind mindestens 4 m Platz außerhalb des Feldes nötig. Diesen Raum, oft ein Feldweg, nennt man Vorgewende. Steht dieser Platz nicht zur Verfügung, muss die Einlassfurche entsprechend weit zurück im Feld gezogen werden. Ist das Feld fertig gepflügt, wird diese Fläche anschließend quer zu dem übrigen Furchenverlauf, Richtung Feld oder nach außen gepflügt.

Bei der ersten Furche in Längsrichtung sollte man sich am Feldrain oder einem Fluchtpunkt am Ende des Feldes orientieren, um eine gerade Furche zu erhalten. Wichtig ist, dass die erste Furche in das Feld hineingeworfen wird. Am Feldende angekommen, wird der Pflug nicht gewendet. Man pfügt so zurück, dass der Pflug den im Hinweg aufgeworfenen Erdstreifen und das darunterliegende, noch nicht bearbeitete Land wendet. Dieser Vorgang entspricht dem Anpflügen mit dem Beetpflug, hier jedoch am Feldrand. Ab jetzt können die Schollen hin und her immer in eine Richtung gewendet werden.

Doch wie verhält es sich, wenn das Feld an einem Kopfende einige Meter breiter ist? Man pflügt so lange weiter, bis die unterschiedlichen Breiten der Kopfenden deutlich erkennbar sind. Vom breiteren Ende des Feldes aus wird bis ins letzte Drittel der Feldlänge durchgepflügt. Dort lässt man durch entsprechendes Lenken der Pferde und Zug am Sterz den Pflug allmählich in die Furche abgleiten. Es wird gewendet, und nach einigen Metern Leerfahrt lässt man den Pflug wieder greifen. Bis zum Feldende wird wieder durchgepflügt. Man setzt normal ein und lässt den Pflug aber jetzt schon im zweiten Drittel der Feldlänge ausgleiten. Dann wird wieder gewendet und wie beschrieben zurückgepflügt. Beim Blick über das Feld sind dann einige Haken in der vorher so peinlich gerade gehaltenen Furche unverkennbar. Man muss sich klarmachen, dass der Pflug auf der breiten Seite des Feldes viermal abgeschnitten hat und auf der schmalen Seite kein einziges Mal.

Um aber trotzdem wieder eine gerade Linie zu bekommen, werden die nächsten Furchen vollständig gezogen. Je näher das Feldende rückt, umso deutlicher kann man die Differenz der Kopfenden abschätzen. Dies wird so lange wiederholt, bis eine parallel zum Feldrand verlaufende Restfläche ensteht. Mindestens der letzte Meter wird mit durchgehenden Furchen gepflügt. Die Ausgleichsfurchen im fertigen Feld erscheinen harmonisch eingefädelt, man erkennt an Struktur und Lage der Furchen das Geschick des Pflügenden.

## Häufelpflug

Häufelpflüge entsprechen in Aufbau und Funktionsweise der Urform des Pfluges. Sie wenden nicht, sondern reißen die Erde auf und drücken sie zu beiden Seiten weg. Am hölzernen Grindel ist hinten ein geschwungenes Holz eingezapft. Oben sitzt ein Querholz als Griff, unten ist ein konvex gewölbtes, leicht spitz zulaufendes Streichblech angeschraubt. Vorn am Grindel befindet sich der Zughaken.

Der Häufelpflug wird ohne Vorderkarre benutzt. Sein Hauptverwendungszweck ist das Anhäufeln von Furchendämmen im Kartoffel- und eventuell Spargelanbau.

> Es ist fast unmöglich, mit dem Häufelpflug auf einem ebenen Feld eine halbwegs gerade Furche zu erhalten. Zum Anlegen von Setzreihen für Kartoffeln wurde er trotzdem gelegentlich eingesetzt.

Etwas Furchenführung ist nötig, um den Häufelpflug ensprechend einsetzen zu können. Je nachdem, wie viel Erde aufgehäufelt werden soll, wird er mehr oder weniger stark in die Furche gedrückt. Die Erde gleitet dann über das vorgewölbte Streichblech nach beiden Seiten ab und hinterlässt eine V-förmige Furchenrinne.

Es gibt Häufelpflüge in eiserner Ausfertigung mit einem seitenbeweglichen Laufrad vorn, die etwas sicherer in der Führung sind. Sie haben genau wie die anderen Pflüge zwei Sterzen, die mit zu einer stabilen Führung beitragen.

Der größte Unterschied zu den hölzernen Häufelpflügen besteht aber in der Form des Häufelkörpers. Er entspricht einer Kombination aus einem rechts- und einem linkswendenden Pflugstreichblech, die beide in einem herzförmigen, spitzen Schar münden. Durch die verstellbaren Streichbleche kann die Furchenbreite reguliert werden.

**Zusammenfassung Pflug**

- Ist der Pflug richtig eingestellt, schneidet er einen rechteckigen Erdstreifen aus dem Boden und wendet diesen um 180°, sodass er auf die bisherige Oberfläche zu liegen kommt.
- Der Beetpflug, immer mit nach rechts geneigtem Streichblech, wirft nur in eine Richtung. Beetpflüge sind handliche Geräte, die allerdings großes Geschick und Können für den erfolgreichen Einsatz verlangen. Mittelrücken und Gräben sowie gegenläufige Furchenrichtung erschweren nach dem Umbruch die weitere Bearbeitung.
- Mit Wendepflügen kann hin und her in dieselbe Richtung gepflügt werden. Hanglagen und unregelmäßige Flächen können besser bewältigt werden. Der gepflügte Acker ist gleichmäßig und die weitere Bearbeitung einfacher. Durch die zwei Pflugkörper ist das Gerät jedoch etwas unhandlich. Eine Ausnahme ist der Unterdrehpflug, der in Bauart und Gewicht dem Beetpflug gleichkommt.

# Egge

Mit dem Pflug wird die Erde aufgerissen und gewendet. Man kennt den Anblick eines gepflügten Ackers, der sich durch eine grobschollige, raue Oberfläche auszeichnet. Ein Getreidekorn benötigt jedoch zum Keimen und Wachsen eine feine Bodenstruktur. Dafür benutzt man die Egge, das zweitwichtigste Ackergerät.

Die erste Egge bestand aus einfachen Astbündeln, die von Menschen oder Zugtieren über die aufgerissenen Felder gezogen wurden. Noch etwa Mitte des vergangenen Jahrhunderts war vor allem in den Mittelgebirgsregionen Deutschlands eine hölzerne Egge mit Eisenzinken weit verbreitet.

Jede Egge, die von einem Gespann gezogen wird, besteht aus einem oder auch mehreren Eggenrahmen. Daran sind senkrecht oder auch leicht schräg nach unten weisende Eisenstäbe, die Zinken, angebracht. Um die Egge bewegen zu können, sind an den Eggenfeldern kleine Anhängevorrichtungen in Form von Haken, Ringen oder auch kurzen Kettenstücken angebracht. An diesen Übergangsstücken wird ein Zugbalken aus Holz, teilweise auch Eisen befestigt, an dem vorn ein Zughaken sitzt, der mit der Anspannung des Zugtieres verbunden werden kann.

Ob alle Zinken gleichmäßig im Boden greifen, hängt vor allem von der Länge der Anspannung ab. Je näher das Pferd an der Egge geht, umso deutlicher machen sich die hebenden Kräfte des Zugtieres bemerkbar.

Die vorderen Zinkenreihen können im Extremfall sogar über dem Boden schweben. Daher müssen die Zugkette der Egge oder die Zugstränge des Pferdes so lang eingestellt werden, dass die Egge ihr gesamtes Rahmengewicht auch auf die Zinken übertragen kann. Der optimale Abstand zwischen der Vorderkante des Eggenrahmens und dem Ortscheit des Pferdes beträgt zwischen 80 und 100 cm.

## Verwendungsmöglichkeiten der Egge

Den Aufbau der verschiedenen Gespanneggen versteht man besser, wenn man ihre Verwendungsmöglichkeiten kennt. Sie wird benutzt, um den rauen Acker einzuebnen, Bodenklumpen zu zertrümmern, zu krümeln, ausgebrachten Samen, Getreidesaat, Branntkalk oder sonstigen Dünger in den Boden zu bringen. Die Egge dient außerdem zur Unkrautbekämpfung, zum Auslichten von zu dicht aufgelaufenen Saaten und zur Bestockungsanregung (Bildung von mehr Verästelungen) bei zu schwach aufgegangener Saat, vor allem bei Winterweizen.

Durch starken Regen und darauffolgende Sonneneinstrahlung verkrustete und verschlämmte Äcker können mit der Egge aufgerissen und belüftet werden.

## Trapezförmige Holzegge

Sie ist aus vier starken Längsholmen mit einer hinteren, mittleren und vorderen Querverbindung gefertigt. Auf einer Länge von etwa 1,7 m sind an jedem der vier Längsholme sechs, bei kleineren Bauarten auch nur fünf 30 cm lange eiserne Zinken angebracht. Durch ihr dicker werdendes Hinterende ziehen sie sich in den Zapflöchern fest. Diese sind so eng, dass ein kleines, etwa 5 cm langes Ende der Zinken immer noch auf der Oberseite herausragt. So kann der Bauer mit ein paar Hammerschlägen lockere Zinken wieder stramm befestigen. Die Zinken stehen leicht schräg nach vorn.

Der gesamte Eggenrahmen verjüngt sich von ungefähr 1,10 m hinterer Breite auf 90 cm vorderer Breite bei einer Gesamtlänge von etwa 1,70 m. Vorn ist ein eisenverstärkter, leichter Querholm angebracht, in den eine Kette oder auch ein speziell für diese Holzegge gefertigter Eisenbügel mit einem Kettenstück lose eingehängt werden kann.

Warmblutgespann vor einer dreiteiligen Saategge.

Die Besonderheit der Egge besteht darin, dass sie diagonal gezogen wird. Damit wird eine versetzte Zinkenstellung bewirkt, die so ausgerichtet ist, dass kein Zinken in der Spur eines anderen läuft.

Holzeggen sind heute häufig noch in brauchbarem Zustand auf Höfen zu finden. Ihre enorm wirkungsvolle und universellen Einsatzmöglichkeiten werden oft verkannt, was wohl mit an ihrem einfachen Aufbau liegt. Sie ist jedoch ein sehr nützliches Gerät für Hobbybauern und -gärtner.

Vor dem Winter wird möglichst grobschollig gepflügt, um eine große Oberfläche zu schaffen, an der der Frost angreifen kann. Mithilfe des Bodenwassers, das zu Eiskristallen gefriert, setzt die Frostgare ein, die eine krümelnde Wirkung auf den Boden ausübt. Im Frühjahr fallen die Erdschollen nach dem Auftauen in sich zusammen. Der Acker ist immer noch ziemlich rau, aber er zeigt längst nicht mehr die scholligen Furchenkämme wie im Herbst. Nimmt die obere Bodenschicht weißgraue Färbung an und brechen die Bodenklumpen beim Dagegentreten auseinander, ist der Boden zur Bearbeitung bereit. Er kann zuerst mit der Balken- oder Ringschleppe abgeschleppt werden (S. 56), um ihn weiter einzuebnen und die Verdunstung des im Winter angesammelten Wassers zu hemmen. Dann kann die Arbeit mit der Egge beginnen. Wichtig ist, dass man sich klarmacht, in welcher Richtung die Erdstreifen im Herbst gewendet wurden.

An einem Kopfende des Feldes wird angefangen, mit etwa drei Arbeitsbreiten. Die Holzegge, die ja über die Diagonale gezogen wird, hat eine einfache Arbeitsbreite von etwa 1,50 m. Mit den drei Arbeitsbreiten erhält man also ein Vorgewende von gut 4 m, an das man bei der darauffolgenden Längsbearbeitung des Feldes anschließen kann. Zuerst werden 2 bis 3 Arbeitsbreiten an der Längsseite des Feldes geeggt, an der man beim Pflügen aufgehört hat, also an der Rückseite der Furchendämme. Damit diese nicht von der Egge wegkippen, wird die Egge so in die Diagonale gestellt, dass ihre Zinken, schräg seitlich nach vorn weisend, den Furchendämmen „in den Rücken fallen".

Auf jedem Rückweg wird die gerade bearbeitete Fläche nochmals geeggt. Beim Wenden muss die Zugkette an der Egge auf die andere Seite gleiten. Nur dann haben die Zinken beim Rückweg wieder die entsprechende seitliche Schrägstellung, um die Furchendämme, die man jetzt schon nicht mehr erkennen kann, wieder von hinten anzugreifen.

Auch wenn nach einem Eggenstrich die Furchenstruktur nicht mehr erkennbar ist, ist die Schichtung des Bodens immer noch entsprechend der Pflügerichtung. Beweis dafür liefert ein im Herbst durchgeführter Wiesenumbruch, bei dem im Frühjahr sofort wieder Grassoden sichtbar werden, wenn die Egge falsch eingesetzt wird.

Wenn man dem rechteckigen Feld diesen dreiseitigen Rahmen gegeben hat, der sich durch eine klare, dunkle Erdfarbe schon von weitem gegen die unbearbeitete Fläche absetzt, kann man mit der Haupteggenarbeit beginnen. Ungefähr auf der Hälfte der Feldlänge wird die Egge gewendet und aus dem schon bearbeiteten Streifen allmählich schräg auf eine halbe, eventuell auch ganze Arbeitsbreite zum Feldende hin herausgeführt. Bei der Kehrtwendung gleitet die Zugkette zur anderen Seite. Damit ist garantiert, dass die Zinken wieder optimal stehen, um auch auf dem Rückweg die Furchendämme von hinten erfassen und krümeln zu können.

Der Rückweg wird ab jetzt immer über die Hälfte des auf dem Hinweg geeggten Streifens gezogen. Der so schräg von hinten in die ehemaligen Furchendämme greifende Eggenstrich wird damit beibehalten. Man eggt auf dem Hinweg immer nur eine halbe Arbeitsbreite „neues Land".

Dadurch kann die Dauerbelastung für das Pferd geringer gehalten werden, zum anderen werden zwei Eggenstriche in einem Arbeitsgang durchgeführt. Bei sehr schwerem Boden muss möglicherweise auch eine noch geringere Breite gewählt werden. Auf der anderen Längsseite des Feldes reduziert sich die noch unbearbeitete Fläche auf ein flaches Dreieck. Dieses wird so ausgeeggt, dass man aus der Schrägrichtung in den Richtungsverlauf des Feldrandes einschwenkt und immer deutlich bis in die schon durchgearbeitete Fläche hineinzieht.

Diese Methode wird landläufig auch als Einbrechen bezeichnet. Damit soll wohl ausgedrückt werden, dass schräg mehrere Furchendämme überfahren werden und diese so mit den seitlich vorwärts arbeitenden Eggenzinken in ihre ehemalige Wenderichtung hin aufgerissen und gelockert werden. Die Vorgewende sollte man abschließend auch noch einmal kurz durcharbeiten. Mit dieser doppelten Bearbeitung erreicht man eine bessere Lockerung, als wenn man sie unbearbeitet liegen lässt und nur zum Schluss eggt. Der vom Winter schon verdichtete Boden wird sonst durch das Gespann beim Wenden vollständig festgetreten, sodass nur noch eine recht oberflächliche Lockerung möglich ist.

Auf diese Weise erhält man mit der trapezförmigen Holzegge ein auf jeden Quadratmeter durchgearbeitetes Feld, das je nach Bodenart ohne weitere Bearbeitungsschritte ein fertiges Saatbeet darstellen kann.

Die Bau- und Wirkungsweise der Holzegge ist auf die Anforderungen der damaligen Zeit ausgerichtet. Meist wurde ein Kuhzweiergespann oder ein mindestens 12 Zentner schweres Zugpferd vorgespannt. Bei einem Arbeitstempo von 4 bis 6 km/h lockerte und krümelte die Egge den Acker recht gut durch ihre schlagende, schlängelnde Bewegung vor allem im rohen Acker.

Die auf den ersten Blick recht lang erscheinenden Zinken ziehen sich durch ihre schräge Stellung bis in etwa 5 cm Tiefe in den Boden. Sollen sie tiefer greifen, kann die Egge mit einem Stein entsprechend beschwert werden, den man auf eine kleine Querstrebe zwischen den Mittelholmen legt.

Zum Reinigen eines mit Quecken bewachsenen Ackers ist die Holzegge geradezu ideal. Die langen Wurzelausläufer der Quecke sammeln sich in Büscheln hinter den schrägen Zinken. Die relativ leichte Egge wird mit einem kleinen Drei- oder Vierzink gesäubert. Außerdem kann ausgebrachte Getreidesaat mit ihr sehr gut eingeeggt werden.

Zur Unkrautbekämpfung kann auch einmal mit der Holzegge gestriegelt werden, wenn keine bessere Egge zur Verfügung steht (S. 54). Bei der Kartoffelernte wird das Feld nach dem Abernten geeggt, um die noch in der Erde verbliebenen Kartoffeln nach oben zu bringen.

In ihrer Verwendung als Striegel wurde die Holzegge im Laufe der Zeit von der Netzegge weitgehend verdrängt. Man sieht jedoch, wie breit einsetzbar die Holzegge auch heute noch ist, und dass sie damit den Ansprüchen der damaligen Zeit schon voll genügte.

## Aus Eisen gefertigte Eggen

Neben der beschriebenen Holzegge gab es auf den meisten Bauernhöfen eiserne Eggen, die sich je nach Gewicht, Aufbau des Rahmens und Zinkenform für unterschiedliche Verwendungszwecke eigneten. Man kann sie in Grobeggen, Feineggen und Netzeggen unterteilen.

### Grob- und Feineggen

Diese Eggen bestehen immer aus einem starren Rahmen aus Flacheisen, der wie ein Raster aufgebaut ist. Die in Längsrichtung verlaufenden Holme können dabei gerade sein. Dann muss die Egge über Eck gezogen werden, um den Zinkenversatz zu erhalten. Die längsverlaufenden Flacheisen können auch schlangenlinienförmig gebogen oder wie eine Ziehharmonika gezackt sein. Diese Eggen kann man gerade anhängen, da die Zinken immer in den Bögen oder den Winkeln des Rahmens versetzt liegen. Das unterschiedliche Gewicht der Eggen ist bedingt durch die Stärke des verwendeten Materials, durch die Größe eines Eggenfeldes (etwa 1 m² bei einer schweren Egge) und durch die Dicke und Länge der Zinken. Grobe Eggen der schweren Bauart wur-

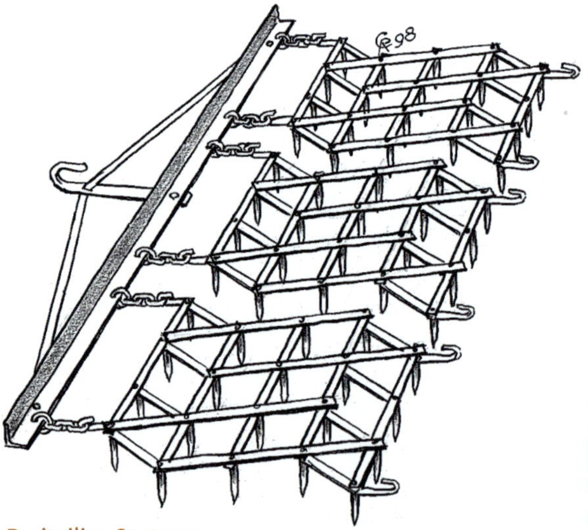

Dreiteilige Saategge.

Um das Feld für den nächsten Bearbeitungsgang zu räumen, wird die Egge auf der benachbarten Wiese abgelegt.

den überwiegend für das Lockern und Krümeln der Winterfurche sowie zum Zwischenfruchtanbau genutzt, also wie die Holzegge auch. Sie besitzen dafür stabile, leicht nach vorn gebogene vierkantige Zinken, die im Eggenfeld angeschraubt sind.

Für die Arbeit mit einer 1 m breiten, schweren Egge wurde ein etwa 12 Zentner schweres Pferd benötigt. Auf großen Höfen wurden auch mehrere Eggenfelder zusammengehängt. Für vier Eggenfelder wurden oftmals drei Pferde angespannt.

Der Zugbalken, an dem die Eggenfelder angehängt werden, ist dabei so breit, dass die Zinkenabstände zwischen zwei Feldern genau dem Zinkenabstand innerhalb des Eggenfeldes entsprechen. Der Eggenstrich ist damit auf der gesamten Breite gleichmäßig. Trotzdem können sich die einzelnen Felder Bodenunebenheiten besser anpassen.

Feine Eggen sind leichter gebaut, das einzelne Eggenfeld kann auch unter 1 $m^2$ groß sein, und die Zinken sind kürzer und dünner. Sie wurden früher überwiegend zum Einarbeiten des Saatgutes eingesetzt, eigneten sich auch zum Aufeggen verkrusteter Wintersaaten, Striegeln bei der Unkrautbekämpfung und zur Bodenbelüftung bei Sommergetreide. Durch die leichte Bauart und geringe Arbeitsbreite des einzelnen Feldes wurden oft bis zu drei Felder hinter ein Pferd gehängt.

Durch die größere Arbeitsbreite und die verhältnismäßig starre Anhängung am Ortscheit des Gespanns sind die mehrteiligen Eggen weniger wendig als die Holzegge, die ja auf dem Fleck gedreht wird. Man kann mit ihnen trotzdem den Acker einbrechen, wobei die Wendungen am Feldende in großen Schleifen gezogen werden müssen. Sonst greifen die Eggenfelder mit ihren Randzinken ineinander und können umkippen. Auch das Rund- und Überkreuzeggen ist wie bei der Holzegge (S. 111) möglich. Auf einem Wiesenumbruch sind diese Eggen jedoch nicht zu empfehlen, da die Zinken in die umgeklappten Erdstreifen von vorn eingreifen und so möglicherweise die Grassoden wieder aufdecken können.

### Netzegge

Wie der Name schon sagt, besteht diese Egge aus einem netzartigen, stabilen Drahtgeflecht mit etwa 15 cm langen Zinken auf der Unterseite und 4 bis 5 cm langen Zinken auf der Oberseite. Die Zinkenstärke kann zwischen 6 und 10 mm schwanken. Das Geflecht wird mit einem Zugbalken durch kleine Haken an kurzen Ketten beweglich verbunden. Erste Eggen dieser Art, auch Striegel genannt, wurden Anfang der 1930er-Jahre mit in einer Linie hintereinander liegenden Zinken gebaut. Diese Eggen mussten schräg angehängt werden, um Zinkenversatz zu gewährleisten. In den folgenden Jahren baute man sie auch für geraden Zug, also mit versetzter Zinkenstellung in den Eggenfeldern. Es gibt einteilige Eggen mit einer Arbeitsbreite von 2 m oder auch Eggen mit zwei zusammenhängenden Feldern und einer Gesamtbreite von 2,50 bis 3 m. Ihr Zugkraftbedarf ist sehr gering. Ein Pferd oder sogar eine Kuh genügen dafür.

Der Haupteinsatzbereich des Striegels wird mittlerweile wiederentdeckt, die mechanische Unkrautbekämpfung. Im Getreideanbau löste sie früher das lästige Hacken ab, und im Kartoffelanbau war sie das ideale Werkzeug, um die Dämme bis in die Sohle hinein zu bearbeiten. Ihre Beweglichkeit, die sich jeder Bodenunebenheit anpasst, ist kaum zu übertreffen. Im Kartoffelanbau wird sie allerdings „auf den Rücken gelegt“, die kurzen Zinken kommen zum Einsatz. Bei der Getreidepflege sind vor allem die langen Zinken im Gebrauch. Mit ihren rührenden, kreiselnden Bewegungen können sie sich gut an den stärker verwurzelten Kulturpflanzen vorbeidrücken. Unkrautkeimlinge und junge Pflänzchen dagegen werden ausgerissen oder verschüttet. Bis zum wadenhohen Wuchsstadium kann der Striegel mit Erfolg angewendet werden, und selbst bei dieser Bestandshöhe treten durch den Pferdezug keine nennenswerten Schäden auf.

Auf leichten Böden kann die Netzegge nach einem ersten Lockerungsdurchgang mit einer schweren Egge auch zur Saatbeetbestellung genutzt werden, zumindest aber zum Zueggen ausgebrachter Saat.

**Zusammenfassung Egge**

- Die Eggengröße, deren Gewicht und die Arbeitsbreite müssen zur Bespannung passen. Bei der schweren Egge ist 1 m Arbeitsbreite für ein kräftiges Pferd genug.
- Vorsicht: Unruhige Pferde können beim Anhalten auch einige Schritte rückwärts in die Eggenfelder treten und sich so verletzen. Ansonsten ist die Eggenarbeit auch für ungeübte Pferde und Fuhrleute eine gute Aufgabe für den Anfang.

## Grubber

Der Grubber, auch Kultivator genannt, besteht aus einem auf drei Rädern laufenden Rahmen. Die beiden größeren Hinterräder sitzen an einer auf beiden Seiten abgeknickten Achse, über die durch einen Schwenkhebel der Grubberrahmen in der Höhe verstellt werden kann. Der Rahmen ist vorn ebenfalls höhenverstellbar und an einem senkrechten, starken Rundeisen befestigt. Am Rahmen sind fünf, sieben oder neun halbstarre oder federnde Zinken angeschraubt.

Einen fünfzinkigen Grubber kann ein etwa 12 Zentner schweres Arbeitspferd noch bewältigen. Für einen Grubber mit sieben Zinken braucht man schon ein mindestens 15 Zentner

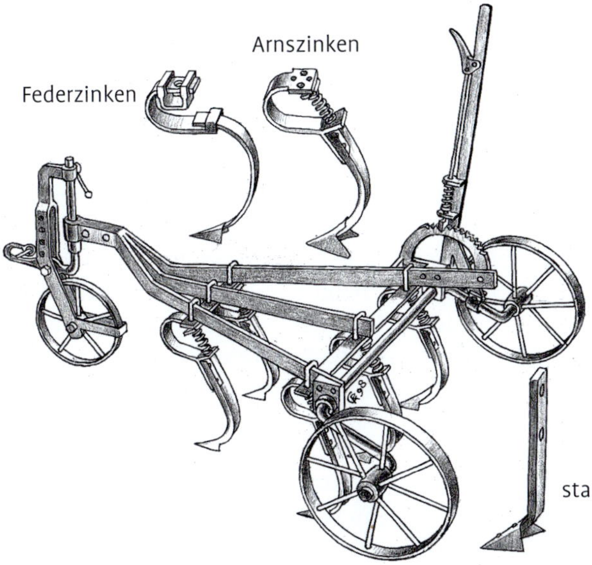


Einspänner-Grubber.

Der Grubber wird zum Aufbrechen einer rauen und verkrusteten Pflugfurche eingesetzt. Dabei bietet sich dieselbe Vorgehensweise an, wie sie bei der Holzegge beschrieben wurde. Dann müssen dem Grubber jedoch Walze und Egge folgen. Außerdem können abgeerntete Stoppelfelder mit ihm aufgerissen werden als Alternative zum Schälen. Aufgelaufenes Unkraut auf zeitweise brachliegenden Stücken wird mit dem Grubber ebenfalls beseitigt.

schweres Zugpferd, um noch gute Arbeit damit zu leisten. Den neunzinkigen Grubber kann nur noch ein kräftiges Zweiergespann ziehen.

Dabei spielen die Bodenverhältnisse eine entscheidende Rolle – Stoppelacker, leichter oder schwerer Boden. Auch die Schare haben Einfluss auf den Zugkraftbedarf. Je nach Gebrauchszweck gibt es gänsefußartige breite, messerförmige schmale sowie pflugscharähnliche Schare.

Die Grubberarbeit ist für die Pferde sehr kräftezehrend. Die Federzinken ziehen sich mit ihren Scharen ständig in den Boden. Je nach Bodenstruktur kommt es zu rupfenden und reißenden Gerätebewegungen, die die Tiere in der Bewegung stören. Der Grubber kann bei dieser Arbeitsweise, vor allem wenn er mit Federzinken ausgestattet ist, tieferen Boden nach oben holen. Dies führt zu unnötiger Wasserverdunstung, bei schwerem Boden zu Klumpenbildung. Ansonsten ist er durch seine Arbeitsbreiten von 0,8 bis 1,20 m ein Gerät, mit dem recht schnell auch größere Flächen gründlich gelockert werden können.

**Zusammenfassung Grubber**

- Die Grubberarbeit ist für die Pferde eine der anstrengendsten Aufgaben. Es gilt: Neunzinkige Grubber für schwere Zweispänner, siebenzinkige für schwere Einspänner oder leichte Zweispänner, fünfzinkige für Einspänner.
- Im noch unbearbeiteten Acker muss der Grubber flach eingestellt sein und erst auf der Rückfahrt tiefer greifen.

## Ackerschleppe

Die Ackerschleppe gibt es in verschiedenen Ausführungen. Die einfachste sind zwei oder drei durch kurze Kettenstücke miteinander verbundene eiserne Wagenreifen. Zwei hintereinander gelagerte Hartholzbalken sowie Konstruktionen aus Winkeleisen wurden früher auch eingesetzt. Meistens wurden die Schleppen in Eigenbauweise hergestellt, seltener fertig gekauft.

Ihre Hauptaufgabe liegt darin, das vor dem Winter gepflügte Feld im Frühjahr grob einzuebnen. Das Wichtigste ist dabei, den richtigen Zeitpunkt zu erwischen.

Wenn die Furchenkämme grau werden, muss geschleppt werden. Schleppt man zu früh, verschmiert der Boden. Beginnt man damit zu spät, schiebt die Schleppe Erdklumpen vor sich her. Das Schleppen des Ackers ist also die erste Frühjahrsarbeit und sollte, wenn es der Boden zulässt, so früh wie möglich geschehen.

Mit dem Schleppen wird das Feld eingeebnet. Damit wurde früher das Düngen mit dem Kastendüngerstreuer wesentlich erleichtert. Auch für die weiteren Bestellungsarbeiten wie Grubbern und Eggen ist das Schleppen günstig. Die Winterfeuchtigkeit wird in den unteren Bodenschichten zurückgehalten. Unkrautsamen werden zum Keimen angeregt und können durch die folgende Bearbeitung besser zerstört werden. Die Bodenbelüftung und damit auch die Bodenerwärmung werden verbessert. Auch auf Wiesen und Weiden kann die Schleppe eingesetzt werden. Maulwurfshaufen und hochgefrorene Bodenbereiche werden eingeebnet, Moos und verfilzte Grashügel werden gelichtet.

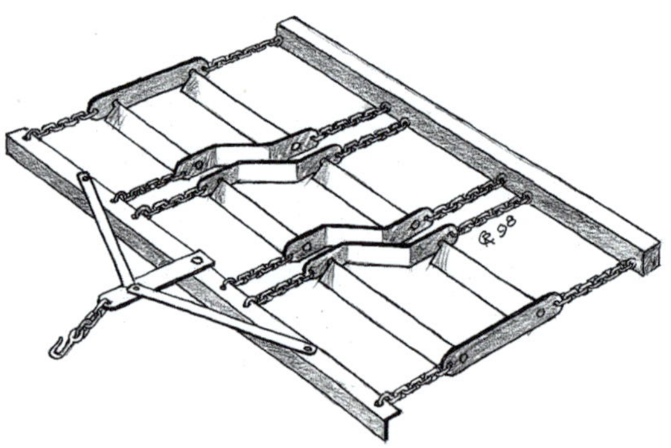

Aus Winkeleisen gefertigte Ackerschleppe, die starre und bewegliche Elemente in sich vereint.

Um drei auf Lücke gehängte Eisenreifen über eine längere Zeit zu bewegen, braucht man schon ein kräftiges Zweiergespann. Zwei Eisenreifen sind von einem schweren Zugpferd in weitgehend ebenem Gelände noch ganz gut zu bewältigen. Ein leichtes Warmblut hat mit einem Reifen auf Dauer genug zu tun. Gerade die Schleppenarbeit auf Wiesen ist eine hervorragende Übung für angehende Zugpferde (S. 109). Die Eisenreifen mit einem Durchmesser von etwa 1,20 m sind in ländlichen Gegenden noch häufig zu finden und können ohne große Umstände schnell zu einer wirksamen Schleppe umfunktioniert werden.

**Zusammenfassung Ackerschleppe**

- Eine Ackerschleppe lässt sich vor allem aus alten Reifen einfach selbst herstellen und ist ein ideales Anfängergerät, das in jeder Pferdehaltung zumindest zur Weide- und Wiesenpflege gebraucht wird.
- Schlepparbeit ist ein guter Start für die Ausbildung von Arbeitspferden.

## Walze

Bei der Feldbestellung mit Pferden darf die Walze nicht unerwähnt bleiben. Als Glattwalze, Ringelwalze oder Cambridgewalze steht sie vielfach noch beim Alteisen. Mit Arbeitsbreiten von etwa 1,50 bis 2 m wurde sie früher dazu verwendet, sehr lockeren Boden wieder auf eine für das Pflanzenwachstum günstige Dichte zusammenzudrücken. Aufgefrorene Wintersaaten erhielten durch di Walze wieder Bodenschluss. Um eine feinkrümelige Struktur des Ackers zu erreichen, setzte man überwiegend die Ringel- oder Cambridgewalze ein. Sie brach die groben Klumpen, die von Grubber oder Egge nur hin- und hergeschoben wurden. Nach dem Walzen strich, vor allem mit der Glattwalze, musste unbedingt die Egge noch einmal folgen, um die oberste Bodenschicht wieder zu lockern. Der zusammengedrückte Boden saugt aus tieferen Schichten Wasser, das anschließend an der Oberfläche verdunsten würde. Auch zum Einarbeiten von Feinsaaten wie Raps, Klee oder Gras war die Walze unerlässlich.

Viele Bauern setzten die Walze auch vor dem Vielfachgerät ein, da die Radspuren dann besonders gut auf dem Acker zu sehen waren. So konnten die Kartoffelreihen mit der Lochmaschine besonders gerade gezogen werden. Die Glattwalze wurde auch auf kleinsten Höfen gebraucht.

Die Ringelwalze wie auch die Cambridgewalze wurden eher in den größeren Landwirtschaften verwendet. Erstere besteht aus einigen beilartig geformten Gussringen, die auf einer Welle locker nebeneinander aufgeschoben sind. Die Ringdurchmesser sind wesentlich größer als der Durchmesser der Welle, auf der sie aufgereiht sind. Damit kann sich die Walze kleineren Bodenunebenheiten gut anpassen. Sie schneidet die Erdklumpen mit den scharfkantigen Ringen durch. Bei der Cambridgewalze sind abwechselnd platt angeschärfte Ringe und sternförmig ausgezackte Ringe aufgereiht. Damit kann ein nach dem Eggen immer noch grober Acker perfekt feingekrümelt werden.

Die bisher beschriebenen Ackergeräte wurden früher für das Herrichten eines geeigneten Saatbeetes benötigt. Führt man heute auch nur auf kleineren Flächen diese Feldbestellungsarbeiten mit ein oder zwei Pferden durch, kann

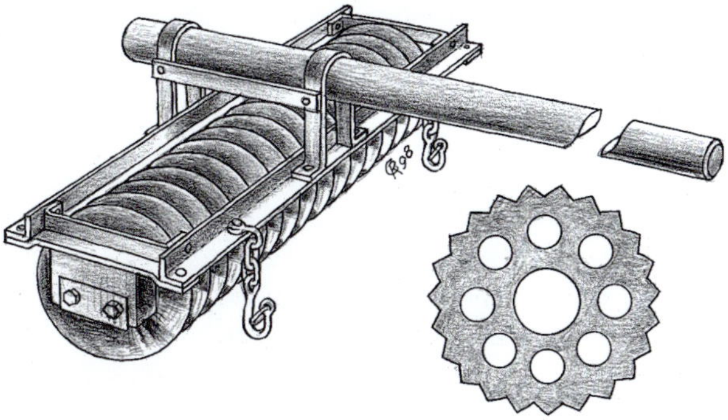

Links: Ringelwalze für zweispännigen Zug. Rechts: Zahnsegment der Cambridgewalze.

man sich ein Bild davon machen, welche Ansprüche an die körperliche Kraft und Ausdauer der Pferde und Menschen gestellt wurden, „nur" um ein fertiges Saatbeet herzustellen. Welche Beanspruchung, teils auch Überbeanspruchung das für die Zugpferde während der Arbeitsspitzen im Bauernjahr darstellte, kann man sich heute kaum noch vorstellen.

## Drillmaschine

Wenn der Acker zur Aussaat bereit war, ging man auf kleineren Betrieben über die Felder und säte von Hand – in geübtem Bogenwurf bei jedem zweiten Schritt. Der Bewuchs war mit dieser Technik oft ungleichmäßig, außerdem mussten nach und nach immer größere Felder bestellt werden. Daher fand die Sä- oder Drillmaschine aus England auch Verwendung bei uns. Schon in der Mitte des 19. Jahrhunderts entstand eine Drillmaschine, die in ihrem Aufbau den Maschinen der 30er- und 40er-Jahren des letzten Jahrhunderts glich.

Ein zwischen den Rädern befindlicher Saatgutkasten ist mit dem vorgelagerten, lenkbaren einachsigen Vorderwagen verbunden. Eine Lenkstange reicht vom Vorderwagen nach hinten zum Bauern, der hinter der Sämaschine geht, das Gespann lenkt und den Sävorgang beobachten kann. Hinten am Säkasten

Beim Drillen: Der Bauer lenkt die Pferde und steuert die Feinlenkung der Maschine. Dies ist nur etwas für ein eingespieltes Team.

sind die Saatleitungsrohre, auch Pfeifen genannt, angebracht. Sie münden hinter dem Drillschar, das vor den ausfallenden Saatkörnern eine schmale Rinne zieht. Die Saatleitungsrohre können ineinandergeschoben werden, um den Höhenunterschied beim Ausheben und Einsetzen der Drillschare auszugleichen.

Sobald die Schare in Sästellung gebracht werden, wird auch der Bodenantrieb in Gang gesetzt und die Säwelle im Kasteninneren dreht sich. Diese liegt im Bodenbereich des Säkastens und besitzt über den Löchern, die in die Saatleitungsrohre münden, jeweils ein Schubrad mit Nocken oder Einkerbungen. Die Saatkörner können je nach Einstellung der Sämaschine in unterschiedlichen Mengen in die Särohre geschaufelt werden. Durch Veränderung der Auswurföffnung und des Abstandes zwischen Schubrad und Bodenklappe kann somit die Saatmenge reguliert werden. Eine Rührwelle, die etwas oberhalb im Saatkasten liegt, sorgt für stetigen Nachfluss des Saatgutes. Um bei Saatgutwechsel Reste abzulassen, kann man vor allem bei älteren Sämaschinen den Säkasten umkippen und durch eine seitliche Öffnung das restliche Saatgut herauskehren und abfüllen.

Bei moderneren Maschinen können die Bodenklappen ganz geöffnet werden. Die Reste werden in einer schmalen Wanne aufgefangen. Mit einem Holzstäbchen – heutzutage am besten mit Druckluft – werden Restkörner aus dem Zwischenraum zwischen Bodenklappe und Schubrad entfernt.

Drillmaschinen waren meist zwischen 1,25 und 2,50 m breit. Auf großen Gütern wurden auch Maschinen bis 4 m Breite mit Vordersteuer direkt am Vorderwagen benutzt. In der Dauerbelastung rechnete man früher auf 1 m Breite ein etwa 12 Zentner schweres Pferd. Doch nach meiner Erfahrung kann auch noch eine 2 m breite Maschine von einem mittelschweren Kaltblut einige Stunden gut bewegt werden. Für manche Pferde ist die Arbeit mit einer nicht zu breiten Drillmaschine nach Grubbern, Eggen und Walzen schon fast eine Erholung. Früher wurden oft kleine Ketten oder auch schmale Eggen, sogenannte Zustreicher, hinter den Drillscharen angehängt, um das Zueggen der Saat zu sparen. Der Zugkraftbedarf erhöhte sich damit natürlich. Somit müssen auch bei dieser Arbeit zur Einschätzung der nötigen Zugkraft verschiedene Faktoren berücksichtigt werden: Geländeform, Bodenbeschaffenheit, Feldgröße sowie Gerätegröße und -ausstattung.

An die Drillmaschine wird das Pferd oder das Gespann lose angehängt, es besteht keine feste Verbindung zur Maschine durch Deichsel oder Schere. Der Zughaken am Ende einer etwa 50 cm langen Stange ist zusätzlich noch in einem Bereich von etwa 60 cm quer beweglich. Damit kann über die nach hinten reichende Lenkstange die Drillmaschine auch dann noch spurgenau gelenkt werden, wenn die Pferde nicht exakt geradeaus laufen. Die Körner keimen natürlich auch in krummen Reihen, aber ähnlich wie beim Pflügen ist es immer wieder ein besonderer Augenblick, wenn man nach einigen Tagen die Saat in schnurgeraden Reihen aufgehen sieht. Vor allem seit Anfang dieses Jahrhunderts war es wichtig, gerade Drillreihen zu ziehen. Die Getreidefelder wurden nämlich mit Hackmaschinen bearbeitet. Damals säte man zwar breiter, mit etwa 20 cm Reihenabstand, heute sind es nur 12 cm. Trotzdem kann man sich vorstellen, wie präzise zuerst die Drillmaschine und später die Hackmaschine geführt werden musste, um die Kulturpflanzen nicht zu beschädigen. Möglichst gerade Saatreihen waren Grundvoraussetzung dafür.

Mit dem Aufkommen der Netzeggen oder Striegel Anfang der 30er Jahre dieses Jahrhunderts kam man mehr und mehr von diesen Hackmaschinen ab. Gleichmäßig gedrillte Äcker sind jedoch auch heute noch der Stolz eines jeden Bauern.

## Abdrehen der Drillmaschine

Um den Vorteil der Drillmaschine, nämlich das Ausbringen einer bestimmten Menge Saatgut auf eine bestimmte Fläche, nutzen zu können, muss die Maschine vor dem Säen abgedreht, also eingestellt werden. Zu jeder Drillmaschine gehört eine Tabelle, die angibt, wie die Maschine bei den unterschiedlichen Getreidesorten eingestellt werden muss. Bei alten Fabrikaten ist sie meist im Laufe der Jahre verloren gegangen. Für bestimmte Regionen sind auch wetter- oder bodenbedingt andere Saatmengen anzusetzen. Um in Bezug auf diesen Punkt Fehlkalkulationen auszuschließen, sollte man unbedingt vor Beginn des Säens die ausfallende Saatmenge überprüfen. Man wählt dazu an der Drillmaschine die Einstellung, die nach Tabelle oder nach eigener Einschätzung richtig erscheint. Das Antriebsrad wird aufgebockt, und die Schare in Arbeitsstellung gebracht, womit der Antrieb über das Rad eingeschaltet wird.

Man ermittelt nun zuerst die Umdrehungszahl pro Ar (100 m$^2$)
U = Radumfang × Maschinenbreite
U/100 m$^2$ = Umdrehungszahl / Ar
Entsprechend der Umdrehungszahl pro Ar wird das Antriebsrad mehrmals gedreht, die ausfallende Saatgutmenge (S) gewogen und mit 25 multipliziert.
S × 25 = Saatgutmenge / Morgen

So erhält man die Saatgutmenge, die auf einem Morgen Land bei der gewählten Einstellung der Maschine gesät würde. Damit kann man entscheiden, ob die Justierung so belassen oder verändert werden muss.

Nun kann man mit der Arbeit beginnen. Die Sämaschine wird hinten am Ackerwagen mit einer kurzen Deichsel angehängt. Auf dem Ackerwagen werden Saatgut und Egge transportiert. Auf dem Feld wird das Pferd am losen Zughaken der Sämaschine eingehängt. Man fängt an einem Kopfende des Feldes an und setzt die Drillschare einen knappen halben Meter vor Feldbeginn in Arbeitsstellung. Nach dem Anfahren fallen die ersten Körner dann genau auf den Feldanfang.

Man zieht eine erste Bahn möglichst gerade über das Vorgewende. Beim Wenden der Maschine muss der Bodenantrieb durch Ausheben der Drillschare ausgeschaltet sein. Auch ist der Wendekreis so zu bemessen, dass der Vorderwagen nicht zu stark eingeschlagen werden muss und gewaltsam durch die Pferde herumgerissen wird. Nun kann eine weitere Bahn quer im Anschluss an die erste gesät werden oder auch die erste Bahn an der Längsseite des Feldes. Der Lenkhebel der Drillmaschine, der schwenkbar ist, sollte so eingestellt sein, dass der Maschinenbediener hinter dem Rad geht, das am Feldrand entlangläuft.

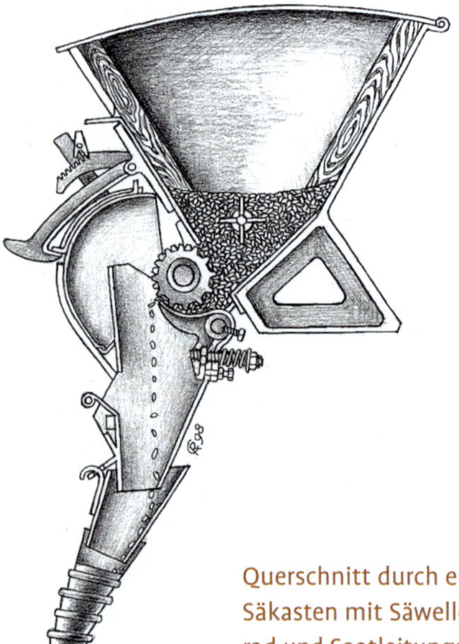

Querschnitt durch einen Säkasten mit Säwelle, Schubrad und Saatleitungsrohr.

Er kann so den genauen Verlauf des Feldrandes beobachten, das Pferd korrigieren und krumme Bahnen ausgleichen.

Am anderen Kopfende werden ebenfalls zwei Querbahnen gesät. Damit hat man genügend Platz, um für die Längsbearbeitung des Feldes zu wenden, ohne dass der Vorderwagen über den holprigen Feldsaum gedreht werden muss. Die Vorgewendebahnen können auch nachträglich gezogen werden. Beim geschickten Drehen wendet man die Pferde so, dass das im ungesäten Land gelaufene Rad der Drillmaschine möglichst auf einem Punkt gedreht wird und das vor ihm laufende Rad des Vorderwagens möglichst nahe an die zuletzt gezogene Radspur herankommt.

Der Lenkhebel des Vorderwagens muss so eingerichtet sein, dass der Maschinenführer diese Radspur sehen kann und in der ersten Vorwärtsbewegung der Pferde das Rad des Vorderwagens genau in die Spur einlenken kann. Diesem folgt dann das Maschinenrad. Eine weitere Bahn wird schnurgerade gezogen. Auf nicht rechteckigen Feldern werden die letzten Bahnen in den vorgesäten Randstreifen immer so weit gezogen, dass keine Fläche des Feldes ungesät bleibt.

In Hanglagen wird am unteren Feldrand begonnen. Im umgekehrten Fall würde die Drillmaschine den Pferden beim Wenden in die Beine rollen. Vor allem bei langen Feldern ist es sehr praktisch, wenn ein Teil des Saatgutes auf der Maschine mitgeführt werden kann. Eine einfache Brettablage zwischen Säkasten und Vorderwagen reicht schon aus, um einen Sack Körner in Reserve mitzunehmen. Der Verbrauch an Saatgut muss während des Säens ständig überprüft werden, um keine Leerspuren zu fahren. Beim Arbeiten mit der Drillmaschine hat ein Mann jedoch mit dem Lenken des Pferdes, der Maschine und mit dem Beobachten der Drillschare und Särohre so viel zu tun, dass die Saatgutmenge, die sich im verschlossenen Kasten befindet, schnell vergessen wird.

Gerade beim Arbeiten mit der Drillmaschine sollte sehr umsichtig und überlegt vorgegangen werden. Da dieses Gerät verhältnismäßig schwer und unhandlich ist, kann man kaum eine ungünstige Arbeitsstellung von Hand korrigieren. Die Pferde müssen mit großer Ruhe gelenkt werden. Spätestens mit dem Aufgehen der Körner werden die Fehler, die bei der Saat gemacht wurden, deutlich.

**Zusammenfassung Drillmaschine**

- Das Drillen ist Präzisionsarbeit, für die man eine richtig eingestellte Drillmaschine und einen besonnenen Pferdelenker – anfangs auch noch einen Begleiter – braucht.
- Das Gespann sollte schon etwas Routine bei der Ackerarbeit haben, bevor man sich allein an die Arbeit macht.

# Heuerntemaschinen

## Grasmäher

Der Grasmäher war schon Anfang des Jahrhunderts eine auf vielen Bauernhöfen verbreitete Maschine. Seine Hauptaufgabe war das Schneiden von Gras, Klee und Luzerne zur Heugewinnung oder auch als Grünfutter. Nebenbei wurde der Grasmäher in einer umgebauten Form auf den kleineren Bauernhöfen auch zur Halmfruchternte (S. 121) genutzt. Weiden wurden nach dem Umtrieb mit ihm ausgemäht, und selbst auf dem Kar-

Warmblutzweispänner beginnt mit der Mäharbeit. Der Streifen, auf dem die Pferde gerade laufen, muss später in Gegenrichtung gemäht werden. Normalerweise ist diese Vorgehensweise nur bei einer seitlichen Begrenzung etwa durch einen Weidezaun notwendig.

toffelacker kam er zum Einsatz, wenn die oberirdischen Pflanzenteile der Kartoffel vor der Ernte noch allzu üppig standen. Auch Gründüngung wurde zum leichteren Unterarbeiten mit dem Grasmäher gemäht.

Der Grasmäher ist zwar auch einspännig einsetzbar, die Zweispännerausführung war jedoch gebräuchlicher. Dabei wird bei den meisten Fabrikaten die Deichsel mit einem kleinen Karren oder einzelnen Rad gestützt. Zwei gusseiserne Räder mit kleinen Eisenkanten zum besseren Greifen treiben über ein Zahnradgetriebe mittels Kurbelwelle das Mähwerk an. Rechts an der Maschine angebracht ist ein Fingerbalkenmähwerk mit einer Länge von 1,05 bis 1,35 m. Die fest am eisernen Mähbalken angeschraubten Finger funktionieren dabei als Gegenschneiden für das bewegliche Messer, das mit zugespitzten Klingen besetzt ist. Über eine hölzerne Pleuelstange wird das Messer hin- und herbewegt und schneidet die zwischen den Fingern eingeklemmten Halme ab. Der Mähbalken kann mit einem langen Ausrückhebel vom Sitz aus in eine fast senkrechte Stellung angehoben werden. Der Einspännermäher wird über starke Scherbäume vom Zugtier gehalten. Um den schon erwähnten Bodenantrieb für das Schneidwerk einzuschalten, muss der Mähbalken fast aus der Senkrechten in die Arbeitsstellung abgelassen werden.

Es gibt drei verschiedene Formen des Mähbalkens, die sich durch die Aufteilung der Finger unterscheiden. Um möglichst nah am Boden abzuschneiden, wird der Tiefschnittbalken mit einem Fingerabstand von 38,1 mm eingesetzt. Dieser Mähbalken verstopft jedoch besonders leicht, vor allem bei dicht stehendem Gras.

Der Normalschnitt- oder auch Hochschnittbalken ist zwar unempfindlich gegenüber Verstopfen und benötigt weniger Zug, mäht dafür feines Gras unsauber. Seine Finger haben einen Abstand von 76,2 mm. Der Mittelschnittbalken mit einem Fingerabstand von 50,8 mm stellt einen guten Kompromiss dar und wurde auch für die Treckermähwerke übernommen. Bei dicht stehendem oder lagerndem Halmgut bleibt jedoch die Verstopfungsgefahr.

Zweispänner-Grasmäher mit Stützrad.

Der Grasmäher wurde vor allem von den 1920er- bis in die 1950er-Jahre verwendet. Damals wurde die Heugewinnung folgendermaßen betrieben: Die Mähwiesen wurden meist wenig gedüngt, das Gras wurde später geschnitten. Die Halmstruktur war fester, eher etwas strohig. Bei diesen Grasstärken war die Pferdemähmaschine gut einsetzbar. Beim zweiten Schnitt, dem Grummet, traten schon eher die erwähnten Probleme auf.

## Einstellung des Mähbalkens

Zum Ausrichten der Messerschiene befinden sich auf dem Mähbalken kleine Keile, die auf die Führungslaschen der Messerschiene drücken und sie so näher an die untere Bahn des

Die optimale Einstellung des Mähbalkens ist Grundvoraussetzung für guten Schnitt und Leichtzügigkeit. Die Klingen müssen messerscharf sein. Die Finger sollten exakt in einer Linie ausgerichtet sein, zwischen den Messerklingen und der unteren Bahn des Fingerschlitzes darf nur ein minimaler Zwischenraum sein. Je größer er ist, desto eher wird der Halm nicht abgeschnitten, sondern abgequetscht.

Fingerschlitzes heranführen. Vor allem bei häufig benutzten, älteren Maschinen kann dieser Spielraum erschöpft sein. Dann wird die Stellung der Finger verändert, indem sie vorsichtig losgeschraubt und mit dünnen Blechplättchen unterlegt werden.

Um die Fingerspitzen genau auszurichten, wird eine Maurerschnur über die Fingerspitzen hinweg vom ersten bis zum letzten Finger des Balkens gespannt und die dazwischenliegenden entsprechend unterlegt.

Die zwei Finger, an denen die Schnur befestigt ist, müssen natürlich vorher, jeder einzelne für sich, in die optimale Stellung zur Messerschiene gebracht werden. Vor dem Einschieben der Messerklinge in den Balken ist es nötig, sämtliche Führungen und Gelenke zu schmieren. Eine kleine Ölkanne sowie eine Heuharke sollten grundsätzlich zum Mähen mitgenommen werden.

Am Ende des Mähbalkens muss ein vollständiges Schwadblech vorhanden sein. Bei Grasmähern, die heute noch häufig auf Bauernhöfen zu finden sind, fehlt dieses Schwadblech meist ganz, oft auch nur das schräg nach oben weisende, dünne Rundholz am Ende des Schwadbleches. Das Schwadblech sorgt dafür, dass vor allem höhere Halme zur Maschine hin abgewendet werden. Damit bleibt ein etwa 40 cm breiter, blanker Wiesenstreifen entlang des noch stehendes Grases. Bleibt das Gras dort liegen, verstopft das Messer bei der nächsten Runde.

Soll eine Wiese gemäht werden, die nach außen durch einen Zaun, ein Gebüsch oder einen Feldsaum begrenzt ist, wird die erste Bahn mit nach außen gerichtetem Mähbalken geschnitten. Das Gespann muss bei dieser Umfahrt einmal durch das noch nicht geschnittene Gras gehen. Hier ist zu beachten, dass das äußere Ende des Mähbalkens mit dem Schwadblech zum einen möglichst nahe an der Begrenzung der Wiese entlanggeführt wird, um nicht mehr Grasbüschel als nötig stehenzulassen. Andererseits darf der Mähbalken nicht in die Wiesenbegrenzung, schlimmstenfalls den Zaun hineingeraten.

Während dieser ersten Runde harkt eine zweite Person einen mindestens 30 cm breiten Streifen entlang des noch stehenden Grases frei, um das Verstopfen des Messerbalkens bei der folgenden Umfahrt zu verhindern. Zur nächsten Runde wird das Gespann gewendet. Jetzt kann die Wiese unter Beibehaltung dieser Fahrtrichtung abgemäht werden. Bei den ersten großen Runden wird es sich anbieten, auch auf rechteckigen Stücken rund zu fahren. Die Ecken, die dabei am Anfang stehen bleiben, mäht man später mit der Sense aus.

## Reinigung der Messerbalken

Jetzt zahlt es sich aus, wenn im Frühjahr mit der Schleppe sorgfältig gearbeitet wurde. Denn Maulwurfshügel und Mäusenester können zum Verstopfen des Mähbalkens führen, ebenso stark gedüngtes und lagerndes Gras. Wer mit einem Grasmäher arbeitet, sollte den Mähvorgang ständig beobachten. Die Pferde lernen sehr schnell, wo sie entlanglaufen sollen und brauchen nur geringe Leinenhilfe. Die noch stehenden Halme bieten eine gute Orientierung.

Sobald das geschnittene Gras nicht mehr über den Balken nach hinten abgleitet, sondern auch nur auf einem kleinen Stück des Messerbalkens mitgeschoben wird, verklemmt es. Dann muss sofort angehalten werden, das Gespann wird mindestens 1 m rückwärts

Ein Mähfinger hat sich gelockert. Das nötige Werkzeug kann bequem mitgeführt werden, da an jedem Grasmäher eine kleine Werkzeugkiste angebaut ist.

gerichtet. Der Mähbalken kann mithilfe des Handhebels in eine Zwischenstellung angehoben werden. Nun sollte man äußerst vorsichtig sein. Man muss seine Mähmaschine so genau kennen, dass man weiß, ob in dieser Stellung der Bodenantrieb ausgeschaltet ist, oder ob dazu erst ein Pedal oder Hebel umgelegt werden muss. Je nachdem wie stark sich Mähfinger und Messerklinge mit Gras verklemmt haben, reicht es nicht aus, mit der Heuharke, die man unbedingt dabei haben sollte, den Mähbalken zu reinigen. Mähfinger und Messerklinge müssen von Hand vom verfilzten Gras befreit werden. Auch routinierte Arbeitspferde können dabei einen Schritt vorwärts treten. Welche Folgen das bei nicht abgeschaltetem Antrieb für den Fuhrmann haben kann, der die Hand gerade am Messerbalken hat, braucht nicht näher erläutert zu werden.

Beim Reinigen muss man grundsätzlich hinter dem Mähbalken stehen. Selbst bei nicht eingeschaltetem Antrieb können die spitzen Mähfinger dem Wadenbein gefährlich werden, wenn die Pferde plötzlich anziehen. Vor Gebrauch eines Grasmähers sollte man sich diesen genau ansehen und bei ungeübten Pferden und den ersten Mähversuchen auf jeden Fall eine Hilfsperson mitnehmen, die bei Bedarf die Pferde festhalten kann.

Ist der Messerbalken von verfilztem Gras und Erde befreit, muss das letzte, etwa 1 m breite Stück vor dem Mähbalken noch gründlich freigeharkt werden. Dann kann die sich hin- und herbewegende Messerklinge auf diesem Freiraum anlaufen und mit ganzer Kraft in das anstehende Halmgut schneiden. Zum Schluss wird in den wenigsten Fällen genau ein Grasstreifen in Mähbalkenbreite stehen bleiben. Um auch ein schmaleres Stück gründlich abzuschneiden, muss mit der Handharke das danebenliegende, abgeschnittene Gras auf gut eine Mähbalkenbreite weggeharkt werden.

Die Arbeit mit dem Grasmäher war früher eine äußerst kräftezehrende Angelegenheit. Das Wetter war meist sehr heiß, und die Fliegen machten Pferd und Bauer zu schaffen. Außerdem war die Zeit der Heugewinnung eine der Arbeitsspitzen auf dem Bauernhof. Man mähte möglichst früh morgens oder in den Abendstunden, um allzu großer Hitze und den Fliegen auszuweichen, aber auch um am Vormittag schon zum ersten Mal wenden zu können.

Beim Mähen musste das Schritt-Tempo vor allem bei lagerndem oder besonders dicht stehendem Gras gesteigert werden. Mehr Umdrehungen sollten das Verstopfen verhindern. Passierte es doch, mussten die Pferde das oftmals festsitzende Mähwerk mit einem gehörigen Kraftaufwand rückwärts loszerren. Dass dies nicht nur kräfte-, sondern auch nervenaufreibend für Mensch und Tier war, kann man sich denken. Vor allem sollte man sich klar machen, welcher Gehorsam immer wieder von den Pferden verlangt wurde. Eine Fläche von einem Morgen konnte in ungefähr einer Stunde gemäht werden.

Anfang der 1950er-Jahre wurden kleine Aufbaumotoren für den Antrieb des Messerbalkens verwendet. Damit wurden die Flächenleistungen gesteigert und die Pferde geschont. Die luftgekühlten Zweitaktmotoren konnten durch einen Regler der Geschwindigkeit des Zugtieres angepasst werden. Der Anlasser wurde mit dem Fuß betätigt. Der Aufbaumotor konnte durch seine spezielle Bauart außerdem noch als feststehende Kraftquelle genutzt werden. Geräte und Maschinen sollten schließlich vielseitig verwendbar und damit möglichst wirtschaftlich in Anschaffung, Einsatz und Unterbringung sein. Heute dagegen hat man meist für jede kleine Aufgabe ein Spezialgerät, das oft teuer in der Anschaffung ist und die meiste Zeit ungenutzt herumsteht.

Die Grasmäher mit Aufbaumotor konnten sich in der damaligen Zeit nicht durchsetzen. Mittlerweile greift eine Schweizer Firma diese Idee wieder auf und baut einen ähnlichen Grasmäher, allerdings mit Doppelmesserbalken. Auch heute kann mit dem bodenangetriebenen Grasmäher sinnvoll gearbeitet werden, wie zum Beispiel beim Ausmähen von Weiden oder beim Grünfutter schneiden.

**Zusammenfassung Grasmäher**

- Der Grasmäher ist im praktischen Arbeitseinsatz nichts für ungeübte Pferde. Die Größe der Maschine (Mähbalkenlänge) muss zur Bespannung passen. Verschiedene Fabrikate und Baujahre mit gleicher Größe können unterschiedliche Zugwiderstände verursachen.
- Während der Arbeit mit dem Grasmäher besteht große Verletzungsgefahr bei der Reinigung der Messerbalken! Auch ansonsten ruhige Pferde können beim Mähen kleinerer Flächen nervig und gereizt reagieren.

## Wendemaschinen

Um das geschnittene Gras zu trocknen, muss es breit gestreut und gewendet werden. Für diesen Zweck kam schon in der Mitte des 19. Jahrhunderts der **Gabelwender** auf. Seine Arbeitsweise ähnelt dem Aufwerfen des Halmgutes mit einer Handgabel. Über Kurbelwellen werden die Gabeln in schwingende Bewegung gebracht und schleudern das Heu hinter der Maschine hoch. Mit Arbeitsbreiten von 1,70 bis 2,10 m reicht ein Pferd zum Ziehen aus. Selbst ein Zug gewohntes Kleinpferd kann mit dem Gabelwender auf ebenen Flächen arbeiten. Ein großer Vorteil liegt in der schonenden

In dem fast trockenen Halmgut ist mit dem Gabelwender die schonendste Bearbeitung möglich.

Behandlung vor allem von weitgehend trockenem Heu. Die nährstoffreichen Blättchen verliert man leicht, wenn zu grob gewendet wird. Der Gabelwender stellt das Heu bei den letzten Wendedurchgängen in sehr lockere, hohe Haufen, die Wind und Sonne noch einmal gut trocknen können.

Beim ersten Verteilen des Grasschnittes nach der Mahd arbeitet der Gabelwender nicht so gründlich. Das Gras ist noch schwer, und durch den Abstand zwischen den Gabeln bleibt einiges liegen. Deshalb wurde das erste Wenden nach dem Schnitt früher häufig als „Loswenden" bezeichnet und von Hand durchgeführt. Der Gabelwender kam erst in den folgenden Wendedurchgängen zum Einsatz. Bis in die 1960er-Jahre war er im Gebrauch. Da er jedoch nur als Gespanngerät geeignet war, verschwand er nach und nach ganz von den Bauernhöfen. Man findet heute oft noch ein halbwegs intaktes Exemplar, meist mit Treckerzugdeichsel ausgerüstet. Mit geringem Aufwand kann die Pferdeanspannung jedoch wiederhergestellt werden.

Ebenfalls eine reine Einzweckmaschine ist der **Trommelwender**. Quer zur Fahrtrichtung dreht sich eine Zinkentrommel, die mit einem Kamm das Gras aufnimmt und nach hinten wirft. Auch für diese Maschine reicht ein Pferd aus.

**Rechwender** oder auch **Schwadrechen** wurden als Kombination zum Wenden und Schwaden entwickelt. Vom Grundaufbau ähnlich dem Trommelwender kann durch Schrägstellung der Zinkentrommel das Heu auf Längsschwaden gebracht werden.

Die **Spinne**, auch Sternradrechen genannt, war früher überwiegend zum Schwadenziehen und zum Wenden der Schwaden im Gebrauch, vor allem in niederschlagsreichen Regionen, wo das Heu teilweise in Schwadentrocknung geworben wurde. Bei diesem Gerät sind an einem schrägen Holm vier große Zinkenräder schräg hintereinanderstehend angebracht, die das Heu von einem Rad zum nächsten befördern, auf Schwaden bringen oder bei entsprechender Fahrweise die Schwaden umwenden.

Eine reine Einzweckmaschine und genauso bekannt wie der Gabelwender ist der **Pferderechen**, auch Schlepprechen oder „Hungerharke" genannt. Auch er war weit verbreitet, und häufig findet man in Scheunen, wo noch ein Gabelwender steht, den Pferderechen gleich daneben. Die durchgehende Achse trägt einen nach vorn offenen Zinkenkorb. Er wird durch ein Fußpedal über eine Klinkensperre an der Nabe der Räder angehoben, entleert sich und fällt in die Rechstellung zurück. Das Halmgut wird im Querschwad abgelegt. Damals störte dies nicht, da von Hand aufgegabelt oder auf Haufen geschoben wurde. Heute wären die Querschwaden denkbar ungünstig für Ladewagen und Heupressen.

Um mit dem Pferderechen einigermaßen gerade Schwaden zu harken, muss man sehr gut aufpassen, da der Korb eine gewisse Zeit zum Hochklappen braucht, die man beim Treten des Fußpedals einkalkulieren muss. Mit Arbeitsbreiten zwischen 1,80 und 2,80 m ist der Pferderechen eine reine Einspännermaschine.

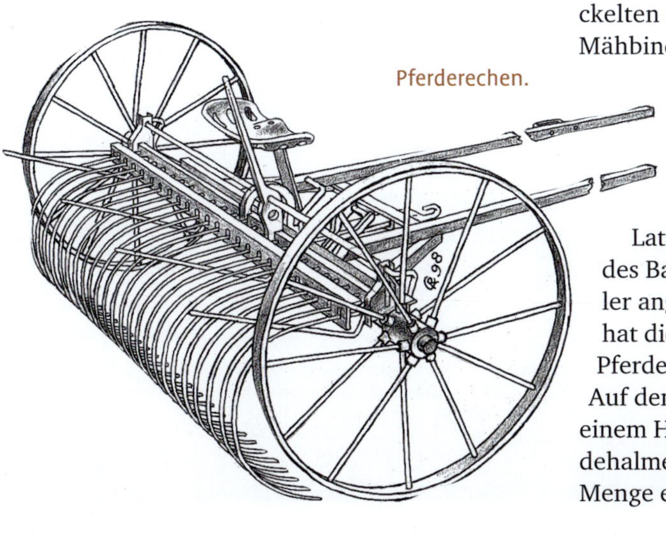

Pferderechen.

Außer bei der Heuernte wurde der Rechen zum Zusammenharken von Kartoffel- und Getreidestroh verwendet, teilweise auch beim Einholen von Rübenblättern.

**Zusammenfassung Wendemaschinen**

- Die meisten Wendemaschinen sind leichtgängig und brauchen mehr Laufkondition als Kraft. Sie sind häufig noch in recht gutem Zustand auf Höfen zu finden und für den Hobbylandwirt sehr sinnvoll einsetzbar.
- Vorsicht beim Gabelwender!
  Durch das laute Geräusch und das Hochwerfen des Grases können unsichere Pferde in Panik geraten.

## Getreideerntemaschinen

Schon vor dem Zweiten Weltkrieg war selbst auf kleinen Bauernhöfen zumindest ein Grasmäher (S. 61) vorhanden, der für die Getreideernte umgebaut oder ergänzt werden konnte. Auf größeren Landwirtschaften arbeitete man mit dem **Ableger**, auch **Flügelmaschine** genannt, oder mit dem daraus entwickelten **Mähbinder**. Die Flügelmaschinen und Mähbinder mussten zweispännig, eher noch dreispännig, mit leichten Warmblütern auch vierspännig gezogen werden.

Zum Getreidemähen mit dem Grasmäher wird am Mähbalken ein Lattenrost angebracht. Am äußeren Ende des Balkens ist ein torpedoförmiger Halmteiler angebracht. Seitlich zum Mähbalken hin hat die Maschine einen zweiten Sitz. Die Pferde werden nun von einer Person gelenkt. Auf dem zweiten Sitz hält ein zweiter mit einem Handrechen die abgeschnittenen Getreidehalme auf dem Lattenrost zurück, bis die Menge einer Garbe zusammengekommen ist.

Die nach dem Mähen aufgestellten Garben sind nun trocken und werden mit langen Gabeln auf einen Leiterwagen geladen.

Die lässt er dann auf den Boden gleiten und hält die folgenden Halme mit dem Handrechen wieder auf. Hinter der Mähmaschine werden die Getreidebüschel dann von Bindern zu Garben zusammengebunden und zu Reutern, Hocken, Stiegen oder Mandeln zum Trocknen aufgestellt. Bei gut gehenden Pferden und einem geschickten Mann kann diese Arbeit auch von einer Person bewältigt werden.

Diese Methode hielt sich auf den kleinen Bauernhöfen noch bis in die 1950er-Jahre. Im süddeutschen Raum wurden die Mähmaschinen überwiegend von Kühen gezogen. Auf den großen Höfen in Nord- und vor allem Ostdeutschland benutzte man vor und nach dem Ersten Weltkrieg häufig die **Flügelmaschine**, auch Ableger genannt. Sie ist eine reine Erntemaschine für Halmfrüchte. Die abgeschnittenen Getreidehalme werden über einen hinten seitlich liegenden Tisch, der einem Kuchenviertel gleicht, neben die gemähte Bahn hinausgelegt. Dabei werden die abgeschnittenen Halme von den in einem bestimmten Stellwinkel arbeitenden Flügeln portioniert und in immer gleich großen Garben über den Blechtisch weggeschoben. Heute würde man sagen: Die Maschine arbeitet auf Vorrat. Die Garbenbinder konnten unabhängig von ihr zusammenbinden und aufstellen.

## Mähbinder

Mit dem Mähbinder wurde in einem Arbeitsgang das Getreide geschnitten, die Halme in Garbenstärke gesammelt, am Stoppelende zusammengedrückt und mit einer Sisalkordel zusammengebunden. Diese Entwicklung sparte ungemein viel Arbeitskraft und löste damit sogar gesellschaftliche Veränderungen aus. Ursprünglich war die Getreideernte auch auf den großen Gütern reine Handarbeit, die von ganzen Schnitter- und Binderkolonnen erledigt wurde. Eine der ersten großen Rationalisierungsmaßnahmen begann also mithilfe der Pferdekraft.

Die Maschine ist folgendermaßen aufgebaut: Wie beim Grasmäher und Ableger gibt es ein Fingerbalkenmähwerk. Mit 1,20 bis 1,50 m Schnittbreite mäht es die Halme, die vorher von einer Haspel aus Holzlatten auf die Schneide zugebogen wurden. Die Halme landen dann auf einer Ablage. Ein doppeltes Förderband aus Leinen, später auch gummierten Tüchern, befördert sie weiter auf einen verstellbaren Bindetisch. Dort werden sie in einer komplizierten Knotentechnik in Garbenstärke gebunden. Anschließend werden die fertigen Garben seitlich neben der gemähten Bahn abgelegt. Vor allem der Gespannbinder sollte möglichst leicht gebaut sein. Man verwendete dafür spezielle Gussteile. Trotzdem brauchte man für den Binder im Dauereinsatz mindestens drei kräftige Pferde. Vor allem kleinere Bauernhöfe kauften und nutzten einen Binder gemeinschaftlich. Auch mit den Pferden halfen sich die Bauern damals untereinander aus.

Da die Bewegung von Mähmesser, Tüchern und Knotenapparat über Bodenantrieb funktionierte, war vor allem in nassen Jahren das Durchrutschen des Antriebsrades auf feuchtem Acker ein großes Problem. Man musste rückwärtsrichten, das Schneidwerk reinigen und den schon abgemähten Streifen vor dem Messer freiharken. Dies kostete Zeit, war aber nötig, um den Binder wieder flott zu bekommen. Die Pferde hatten an solchen Erntetagen wahrhaft Schwerstarbeit zu leisten. Nicht zuletzt, weil gerade während der Zeit der Getreideernte Pferdebremsen und sonstige Plagegeister aus dem Insektenreich äußerst zahlreich vorhanden waren.

Der Mähbinder war ein Gerät, das einen revolutionären Einfluss auf die Entwicklung der Landwirtschaft hatte. Im Laufe der Jahre wurde er durch die Mähdrescher verdrängt und ist selbst für einen Hobbylandwirt kaum interessant.

Einen halbwegs intakten Gespannbinder aufzutreiben ist schon schwierig. Zudem schließt sich an den Einsatz eines Mähbinders eine ganze Reihe von Ernteverfahren an, unter anderem eine funktionstüchtige Dreschmaschine. Was Wartung und ordnungsgemäße Unterbringung betrifft, ist der Mähbinder nicht gerade pflegeleicht. Aus der Zeit, in der die Arbeitsgespanne noch die Feldlandschaften prägten, ist er jedoch nicht wegzudenken. In Gebieten, die schwerpunktmäßig Getreide anbauten, setzte man auf Gutsbetrieben meistens mehrere Mähbinder auf einmal ein, um die großen Flächen bei gutem Wetter möglichst schnell zu bewältigen.

**Zusammenfassung Mähbinder**

Der Mähbinder ist eine recht kompliziert aufgebaute Maschine, die im Pferdezug über Bodenantrieb eine enorme Arbeitsleistung verrichtet. Ihr Einsatz beschränkt sich jedoch auf nur einige Tage im Jahr und braucht eine kräftige Bespannung (meist drei Pferde), einen trockenen Stellplatz und genügend Stauraum für Garben und eine Dreschmaschine.

### Einbringen der Getreideernte

Bis Mitte unseres Jahrhunderts kannte man keine Heu- oder Strohballen. Für das Laden dieser leichten, aber sperrigen Güter wurden besondere Techniken entwickelt. Vor allem bei der Getreideernte und dem Abtransport der feldgetrockneten Garben gab man sich besondere Mühe, möglichst viel und stabil zu laden. Die Ährenseite wurde immer nach innen gelegt, damit der Rand der Fuhre höher war. Ab einer gewissen Höhe wurde nach und nach zur Mitte hin aufgeladen. So ergaben sich stabile und große Fuhren.

Für die Pferde bestand der Arbeitsrhythmus während des Ladevorgangs aus ständigem Anziehen und Anhalten. Meist war ein größeres Kind beim Gespann und hatte die Aufgabe, es vorzuführen und anzuhalten. Außerdem sollte es die lästigen Pferdebremsen mit einem Zweig in Schach halten. Diese Arbeit war nicht gerade angenehm. Die Fliegen stürzten sich nicht nur auf die Tiere, auch der danebenstehende Mensch wurde zum Opfer. Die Hauptaufgabe war jedoch, die oft genug unruhig stampfenden und mit den Köpfen schlagenden Pferde unter Kontrolle zu halten.

Je nach Anlage der Gehöfte wurden die Wagen vor den Scheunen abgespannt und kleine Stücke von Hand rangiert. Mit einem zweiten, schon abgeladenen Wagen fuhr man wieder zum Feld. Es gab auch Durchfahrscheunen, wo vor allem bei der Arbeit mit zwei oder mehr Gespannen gar nicht abgespannt wurde. Bei drohendem Unwetter konnte es recht hektisch zugehen. Die Pferde wurden dann meist von der Unruhe der Menschen angesteckt und legten bereitwillig Tempo zu, wenn die Fuhre nach Hause transportiert wurde.

## Hackfruchtanbau

### Hackmaschine

Bevor man die „chemische Keule“ entdeckte, wurde Unkraut überwiegend auf mechanische Art und Weise bekämpft. Man behalf sich mit günstigen Fruchtfolgen und dem Motto „Wehret den Anfängen“. Somit war das Hacken von Getreide und vor allem von Kartoffeln, Rüben und Mais im Frühjahr und Sommer entsprechend wichtig. Die Lockerung des Bodens mit seinen positiven Auswirkungen auf den Wasserhaushalt und den Aufschluss von Nährstoffen waren allgemein bekannt und ebenfalls nur durch regelmäßige Hackdurchgänge zu erzielen. Je nach Größe und wirtschaftlicher Ausrichtung der Bauernhöfe gab es die verschiedensten Hackgeräte. Weit verbreitet war

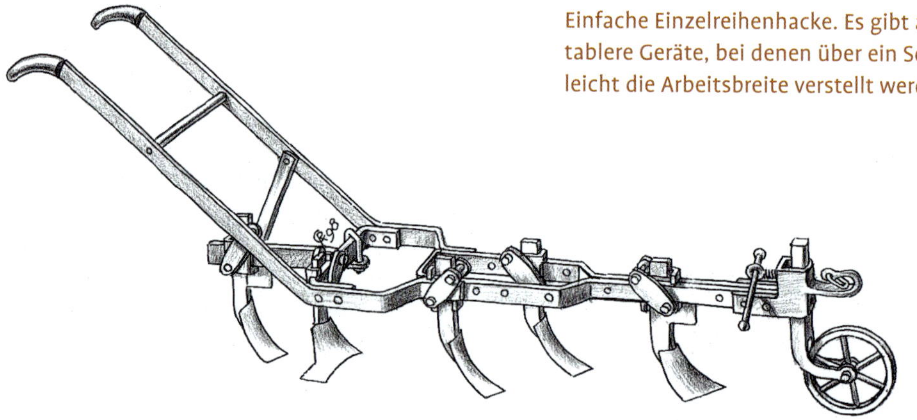

Einfache Einzelreihenhacke. Es gibt auch komfortablere Geräte, bei denen über ein Schwenkblech leicht die Arbeitsbreite verstellt werden kann.

die **Einzelreihenhacke**, die auch als Hackpflug bezeichnet wurde. Vom vorn höhenverstellbar angebrachten Laufrad geht ein V-förmiger Rahmen aus, der mit einem Schwenkhebel eng und breit gestellt werden kann. Je nach Abstand der Pflanzreihen können die am Rahmen befindlichen Hackschare entsprechend angepasst werden. Hinten wird die Hacke an zwei Sterzen, ähnlich wie ein Pflug, geführt. Mit loser Anspannung, also ohne Schere oder Deichsel, kann die Hacke auch von einem Pferd gezogen werden. In bereits lockerem Boden ist sie gut zu gebrauchen, bei verkrusteten Oberflächen gleitet sie jedoch schnell ab und muss mit ziemlichem Kraftaufwand konzentriert gehalten werden.

Ihr Vorteil liegt in der Handlichkeit, der einfachen Handhabung und der schnellen Verstellmöglichkeit. Dadurch kann auch in Kulturen mit ständig wechselnden Reihenabständen gut gearbeitet werden.

Trotz ihrer Handlichkeit wurde die Einzelreihenhacke in Deutschland schon vor dem Zweiten Weltkrieg stark von den Vielfachgeräten (S. 73) verdrängt. Größere Flächenleistung und bessere Arbeitsqualität waren die Gründe dafür. In Ungarn sah ich die Reihenhacke noch Anfang der 1990er-Jahre selbst auf großen Maisfeldern. In Baumschulen und Weinbergen wird sie in Deutschland heute noch gelegentlich eingesetzt. Offensichtlich wird sie deshalb noch in einem Großvertrieb für Baumschul- und Gartenbedarf als Pferdehacke mit verschiedenen Hack- und Häufelkörpern angeboten.

Die **mehrreihigen Gespannhacken** wurden bereits im letzten Drittel des 19. Jahrhunderts häufig eingesetzt. Hier liegt der Hackrahmen, an dem die Hackwerkzeuge montiert sind, hinter einer Achse mit zwei Laufrädern. Er wird über einen oder auch zwei Handhebel gelenkt und zum Wenden ausgehoben. An diesen zweirädrigen Karrenrahmen wird ein Pferd zwischen Scherbäumen angespannt und lenkt so die Maschine. Dabei muss es sich möglichst genau in einer Pflanzreihe halten. Der hinterherschreitende Bauer gleicht die unvermeidlichen Seitenbewegungen des Laufkarrens mit seinen Steuerhebeln so gut wie möglich aus und führt die Hackwerkzeuge sauber in den Pflanzreihen.

Die Arbeitsbreiten der Hackmaschinen waren von Landschaft, Bodenstruktur und Kulturzustand der Böden abhängig. In ebenen Gegenden mit leichten Böden bei geringen Niederschlägen – und damit auch geringerem Unkrautbefall – wurden Einspännerhacken von 1,50 bis 2,50 m Breite verwendet, hauptsächlich in Mittel- und Ostdeutschland. In den ungünstigeren, nassen Mittelgebirgslagen, aber auch im Rheinland, lag die Arbeitsbreite der Einspänner meist bei höchstens 1,50 m. Beim zweispännigen Gebrauch der Hackmaschine fiel das Stützen des Karrens durch die Scherbäume weg.

Diese Geräte mussten mit einem vorgebauten Vorderwagen, ähnlich wie eine Sämaschine gefahren werden. Dabei waren mindestens drei Leute zum Hacken notwendig: Einer lenkte die Pferde, ein Zweiter die Hackmaschine mit einem Hebel direkt hinter dem Vorderwagen. Ein Dritter war für die Feinsteuerung der Hackwerkzeuge hinter der Maschine verantwortlich. So konnte man bis zu 4 m breit arbeiten, natürlich nur in ebenem Gelände. Vor allem zwischen den beiden Weltkriegen waren bei den Hackmaschinen und Vorderwagen viele verschiedene Modelle auf dem Markt.

Bei den eigentlichen Hackwerkzeugen (Hackschar, Hackmesser und Messerstiel) ging die Entwicklung von aus massivem Eisen geschmiedeten Elementen zu auswechselbaren, gehärteten Scharen über, die am Messerstiel bei Bedarf wieder neu angenietet wurden. Als optimal erwies sich die Kombination von Halbmessern und Gänsefußmessern am Hackrahmen.

Die Halbmesser laufen möglichst nahe an der Pflanzreihe. Man hält einen minimalen „Respektabstand“, um die Pflanzen nicht zu verletzen oder zu verschütten. Die Gänsefußmesser laufen in der Reihenmitte. Sind bei größeren Reihenabständen zwei Gänsefußmesser nötig, müssen sie mit einer geringen Überdeckung am Rahmen angebracht sein.

Messerstiele gab es ursprünglich nur in der starren Ausführung, die am Rahmen mit schellenartiger Verbindung montiert waren. Das 30 × 10 mm starke Flacheisen ist teilweise zum Schar hin etwas angebogen. Zumindest aber ist die Vorderkante abgerundet, um Unkrautbüschel leichter abgleiten zu lassen. Bodenunebenheiten werden mit einer speziellen Vorrichtung am Messerstiel ausgeglichen, die einem Parallelogramm ähnelt. Der Schnittwinkel der Hackschare bleibt damit konstant. Auch Tiefenregulierer in Form von Rollen oder abgefederten Führungseisen wurden damals eingesetzt.

Mit dem Aufkommen der Netzeggen in den 1930er-Jahren verloren die Hackmaschinen an Bedeutung. Vor allem das Getreidehacken wurde durch das Striegeln größtenteils ersetzt. Rüben, Kartoffeln und Mais wurden weiterhin gehackt, auf den klein- und mittelständischen Bauernhöfen jedoch meist mit dem Vielfachgerät. Beim Hacken hatte man zwar geringere Arbeitsbreiten, die Verwendungsmöglichkeit war jedoch vielseitiger.

Um möglichst effektiv zu arbeiten ohne die Kulturpflanzen zu verletzen, musste vor allem beim Einspänner das Pferd absolut ruhig und konzentriert gehen. Bei den kleineren Hackmaschinen übernahm ein Mann das Lenken von Pferd und Hackrahmen, was schon ein gewisses Mitdenken vom Pferd voraussetzte.

Bei ausreichender Übung lernen Pferde schnell, die Pflanzreihen genau einzuhalten und sogar Kurven ohne Leineneinwirkung selbstständig mitzugehen. Damit liefern sie den Beweis dafür, dass sie genau verstanden haben, was man von ihnen erwartet.

## Vielfachgerät

Auf den Gütern Ostdeutschlands baute man schon vor dem Ersten Weltkrieg auf größeren Flächen Kartoffeln an. Man entwickelte damals dort mehrreihige Zustreich- und Häufelgeräte. Sie waren an einfachen, meist fahrbaren Rahmengestellen montiert. Auf den kleineren und mittleren Bauernhöfen im Westen arbeitete man dagegen noch bis in die 1930er-Jahre mit dem einfachen einreihigen Häufelpflug, der etwas umgebaut auch als Reihenhacke (S. 71) benutzt werden konnte. Für verstärkten Kartoffelanbau jedoch war ein

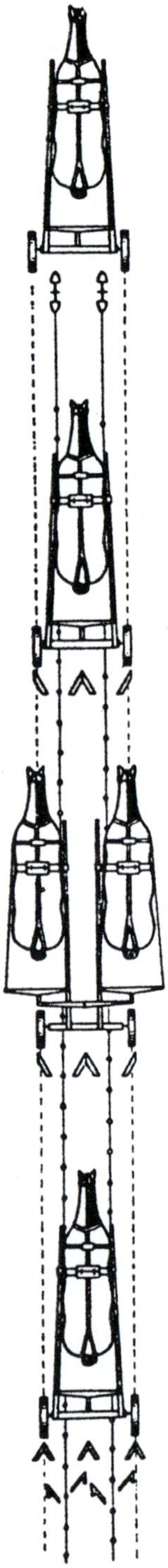


Arbeitsfolge beim Einsatz eines zweireihigen Vielfachgerätes. Statt des Hackens können vor und kurz nach dem Auflaufen der Kartoffeln auch zwei Striegeldurchgänge mit der kurzen Seite der Netzegge durchgeführt werden.

zumindest zweireihiges Gerät nötig, das mit auswechselbaren Werkzeugen zum Pflanzlochen, Zustreichen, Hacken und Häufeln verwendet werden konnte.

So entstanden in den 1930er-Jahren die Vielfachgeräte als mehrreihige Geräte zum Hackfruchtanbau. Sie müssen ein einheitliches Fahrgestell haben, vor allem mit ständig gleichbleibender Spur in einer Arbeitskette. Die verschiedenen Arbeitswerkzeuge sind durch einfache Verbindungselemente bequem und schnell auszutauschen. Beim Kartoffelanbau beginnt eine solche Arbeitskette mit den Pflanzlochern. Die sich auf dem Acker radförmig drehenden Werkzeuge haben spitze Schaufeln, die wie Sterne angeordnet sind und durch ihren Abstand auf einer Felge die Pflanzlöcher für die Kartoffeln ausschaufeln. Spur an Spur muss sauber gefahren werden,

Links:
Über die Feinlenkung werden beim Pflanzlochen exakt gerade Reihen hergestellt.

Rechts:
Beim Zustreichen ist auch schon mal kräftiges Zupacken nötig, wenn das Vielfachgerät abdriftet.

um exakt gleiche Reihenabstände zu erhalten. Durch einen Steuerhebel kann von hinten genau gelenkt werden.

Sind die Kartoffeln gelegt, wird der Zustreichrahmen, der am Ackerwagen mitgeführt werden kann, an das Karrengestell angebaut und eingesetzt. Zum Hacken wird wie bei der beschriebenen Hackmaschine (S. 71) ein Hackrahmen mit Gänsefußklingen in den Reihen geführt. Der Messerstiel ist leicht gebogen; damit passt sich die am Damm laufende Klinge der Dammform optimal an. Zum Hochhäufeln können die Zustreicher in ihrem Arbeitswinkel verstellt werden, um mehr Erde aufzuhäufen. Es können auch andere, größere Häufelkörper an dem Rahmen angebracht werden. Bei allen Arbeitsgängen wird immer wieder die schon beim Lochen gefahrene Spur eingehalten.

Ursprünglich nur für den Kartoffelanbau gedacht, rüstete man die zweireihigen Vielfachgeräte auch mit einem Rübenhackrahmen aus. Seine Schutzrollen laufen an den Pflanzreihen entlang, um die empfindlichen jungen Rübenpflanzen vor dem Verschütten zu bewahren.

Größere Flächen wurden entweder mit drei- oder auch vierreihigen Vielfachgeräten des gleichen Bausystems bewirtschaftet. Hier werden zwei Pferde an eine sogenannte Drängdeichsel gespannt. Aus den beiden Scherbäumen, die mit gebogenen Ansatzstücken am Laufkarren des Vielfachgerätes münden, wird durch umgekehrtes Einstecken der Scherbäume am Laufkarren auf einfache Weise eine Drängdeichsel.

Auch bei den zweireihigen Geräten wurde beim letzten Hochhäufeln der Dämme, wo

Vielfachgerät mit angebauten Pflanzlochern, zweireihig.

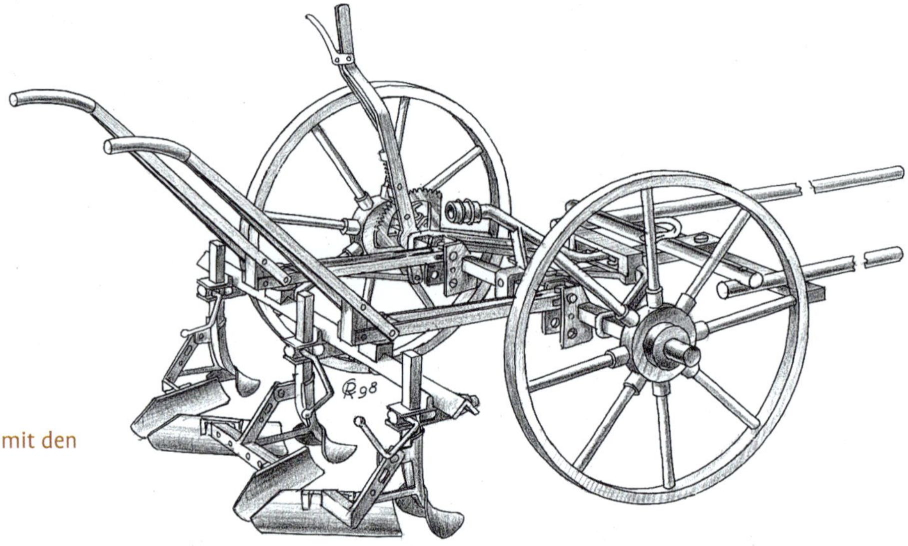

Der zweireihige Zustreichrahmen mit den Häufelkörpern.

besonders viel Erde bewegt werden sollte, möglichst zweispännig gefahren. Die Drängdeichsel und das etwa 1,20 m breite Querholz vorn veranlasst die Pferde, genau in den Furchen zu schreiten. Das Hochschnappen der Deichsel beim Ausheben wird durch das Querholz vorn an der Deichsel verhindert, das fest mit den Zuggeschirren verbunden ist. Auch heute noch ist das Vielfachgerät für Hobbylandwirte oder auch für Kartoffel- oder Rübenanbauer auf biologisch-dynamischen Betrieben durchaus interessant. Mittlerweile gibt es sogar eine Schweizer Firma, die Vielfachgeräte unter Verwendung moderner Materialien wieder herstellt.

**Zusammenfassung Vielfachgerät**

Hackmaschine und Vielfachgerät sind für den Pferdeeinsatz prädestiniert. Sie sind einfach und flexibel in der Handhabung, ihr Einsatz ist äußerst boden- und bestandsschonend. Daher entsprechen sie in besonderem Maße den Ansprüchen des Umwelt- und Naturschutzes sowie ökologischer Wirtschaftsweise.

## Kartoffelsetzen mit dem Pflug

Man nannte diese Methode auch das Setzen mit halber Blindfurche. Sie war vor allem auf kleinen und mittleren Landwirtschaften verbreitet. Meist wurde dafür der schon vorhandene Einscharpflug benutzt. Sehr gut geeignet war auch der Unterdrehpflug. Selbst von einem kräftigen Haflinger, Norweger oder Warmblut kann der Pflug für diese Arbeit einspännig gezogen werden.

Der Acker muss vorher nur abgeschleppt und eingeebnet werden. Eine Saatbeetbereitung, wie sie sonst üblich ist, entfällt. Man braucht je nach Feldlänge zwei, vier oder sechs Leute zum Legen. Auf halber Feldlänge wird an beide Feldränder ein deutlicher Markierungsstock gesteckt. Die Säcke mit Saatgut werden entlang der Feldlänge verteilt.

Der erste Erdstreifen wird bei maximaler Pflugbreite und flacher Einstellung (etwa 5 bis 7 cm tief) gepflügt. Um eine Linie zu halten, nimmt man einen Rain oder Feldweg als Anhaltspunkt.

Sobald der Fuhrmann den Legern den Rücken zukehrt, müssen diese die Kartoffeln zügig in den aufgeworfenen Furchengraben stecken. Ob man nun direkt an den Furchendamm legt oder seitlich in die aufgeworfene Erde, ändert nichts am Endergebnis, solange man sich vorher diesbezüglich abgesprochen hat und die Methode konsequent auf dem ganzen Feld einhält.

Die Setzlinge werden genau bis zur markierten Feldmitte gesteckt. Die andere Hälfte bleibt leer. Sobald man den Pflug gewendet und die zweite Furche aufgeworfen hat, werden die Kartoffeln auf die gleiche Weise gelegt. Die bei der Hinfahrt auf der ersten Feldhälfte schon gesetzten Kartoffeln werden nun auf der Rückfahrt zugeworfen. Erst nachdem man gewendet hat, dürfen die Leger der ersten Feldhälfte wieder aktiv werden. Ab der Feldmitte werden die Setzlinge der zweiten Feldhälfte zugeworfen usw.

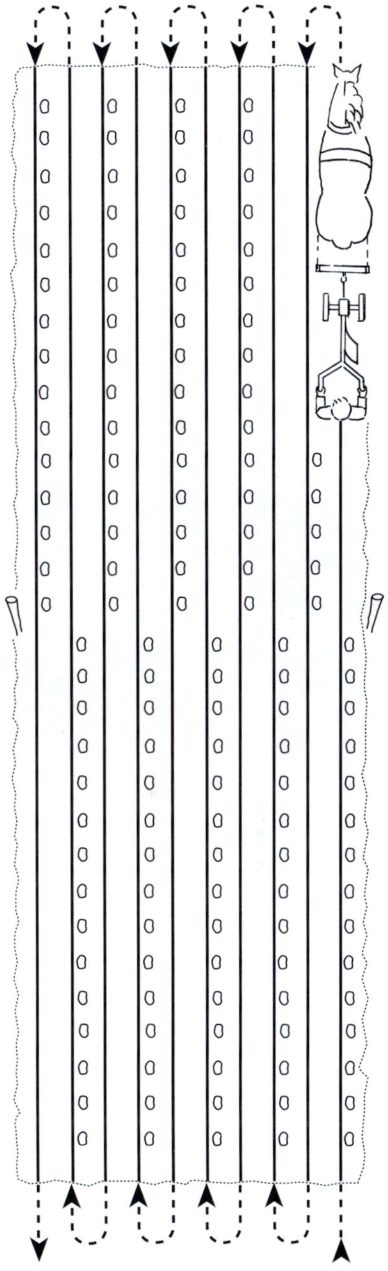

Arbeitsablauf beim Kartoffelsetzen hinter dem Pflug mit halber Blindfurche. Die Zeichnung zeigt die Lage der Kartoffeln nach Abschluss der Setzarbeit, obwohl der eingezeichnete Pflüger gerade erst angefangen hat.

Wird der Schleuderradroder eingesetzt, dann ist jede helfende Hand willkommen, um Platz zu machen für die nächste Reihe.

Mit dieser Methode kann ohne Unterbrechung gepflügt und gelegt werden. Daher muss auch die Anzahl der Setzer auf die Feldlänge abgestimmt sein. Manch einer wird sich noch mit Unbehagen an diese Art des Kartoffelsetzens erinnern. Schon als Kind musste man mit aufs Feld, und oft genug hörte man das Schnaufen des Pferdes schon hinter sich, während die Reihe noch nicht zu Ende gelegt war.

In jeder zweiten Reihe werden Kartoffeln gelegt. Bei einer Pflugbreite von etwa 25 cm ergibt dies einen Reihenabstand der Pflanzen von 50 bis 55 cm. In der Feldmitte ist jede Reihe um 25 cm versetzt. Später, während der Blüte ist dies gut zu erkennen. Nach dem Setzen erscheint das Kartoffelfeld wie ein frisch gepflügter Acker. Wenn die Witterung es zulässt, kann geeggt oder gestriegelt werden, bis die Kartoffeln durchbrechen, also ihr erstes Grün zeigen. Durch das Umwenden der gesamten Feldfläche wird bei dieser Kartoffelsetzmethode zusätzlich eine stark unkrauthemmende Wirkung erzielt.

Sind nach dem vollständigen Auflaufen der Saatkartoffeln die Reihen erkennbar, müssen diese mit dem Häufelpflug erst einmal „geritzt“ und in den weiteren Durchgängen tiefer gefurcht werden, bis richtige Dämme enstanden sind.

## Kartoffelroder

Bereits Mitte des 19. Jahrhunderts entwickelten ausländische Konstrukteure erste Kartoffelroder, um Häufelpflug oder Rodepflug bei der Ernte der Kartoffeln zu ersetzen. Der systematische Anbau der Kartoffeln in geraden Dammreihen ermöglichte den Maschineneinsatz nicht nur zur Pflege, sondern auch zur Ernte.

Der Kartoffelroder, wie er noch bis in die 1970er-Jahre häufig benutzt wurde, ist eine einachsige Maschine mit relativ hohen Laufrädern. Die Höhe braucht man, um den Antriebsmechanismus auch über hohen und mit Kraut bewachsenen Dämmen sicherzustellen. Die Räder sind mit etwa 5 cm langen, messerartigen Greifstollen versehen, um auch bei schlüpfrigem Boden zu packen. Bei Straßenfahrt werden eiserne Reifen aufgezogen. Über den Bodenantrieb wird ein Schleuderrad bewegt, das teilweise mit federnden Zinken oder mit Wurfgabeln besetzt ist. Diese Schleudervorrichtung bewegt sich knapp über einem leicht eingedelltem Rodeschild, das unter den Damm fasst und ihn mitsamt den darin enthaltenen Kartoffeln vom übrigen Erdreich abschneidet. Der so gelöste und gelockerte Damm wird von dem rotierenden Schleuderrad sozusagen ausgekehrt. Die Kartoffeln liegen dann auf einem Streifen bis etwa 2 m neben dem Damm. Je nach Fahrgeschwindigkeit und Bauweise des Roders variiert die Wurfentfernung.

Der Nachteil besteht darin, dass die Kartoffeln nun erst auf der gesamten Feldlänge aufgelesen werden müssen, bevor die nächste Reihe gerodet werden kann. Das bedeutet bei wenigen Lesern viel Standzeit für den Roder und lange Wege für diejenigen, die auf der gesamten Feldlänge die Kartoffeln einsammeln. Durch Prallgitter und Auffangtrommeln, die sich an das Schleuderrad anschlossen, versuchte man damals die Kartoffeln in Reihen abzulegen. Sie liegen dann so dicht neben

Möglichst mitten unter dem Kartoffeldamm sollte das Rodeschild geführt werden, um ein optimales Freilegen zu ermöglichen ohne die Kartoffeln zu verletzen.

dem Damm, dass sie beim Roden der nächsten Reihen nicht beschädigt werden. Dies nennt man Vorratsroden. Trotzdem hat sich der gewöhnliche Schleuderroder lange auf kleinen und mittleren Bauernhöfen gehalten. Ganze Kinderscharen zogen hinter ihm übers Feld, um schnell Platz zu machen für die nächste Reihe.

Der Kartoffelroder wurde überwiegend zweispännig gefahren. Es gab auch leichtere Einspännerausführungen, für die jedoch mindestens ein mittelschweres Kaltblut benötigt wurde. Ein ruhiges und gemessenes Schritttempo des Kaltblüters ist wichtig, um die Kartoffelknollen nicht unnötig weit zu werfen. Auch die Dammbreite, die zwischen 50 und 75 cm liegt, muss berücksichtigt werden. So ist es auch möglich, vor eine Einspännermaschine zwei Pferde zu spannen, um 75er-Dämme auseinanderzuschlagen.

Da der Roder nur in eine Richtung arbeiten kann, ist immer eine Leerfahrt nötig. Man kann natürlich auch nach außen roden und so immer um das Feld herumarbeiten. Oder man beginnt in der Mitte des Schlages, rodet zwei Reihen mit dem Häufelpflug und wirft dann immer zur Mitte hin.

Der Roder ist auch heute noch recht häufig verfügbar, sehr gut für den Pferdezug geeignet und sinnvoll einsetzbar für Kleinanbauer, Hobbylandwirte und kleine Biobetriebe.
Hier besteht jedoch die Gefahr, die Zugwiderstände nicht richtig einzuschätzen. Der Zugkraftbedarf bei verschiedenen, ähnlich aussehenden Geräten kann unterschiedlich sein und muss im Probeeinsatz beurteilt werden.
Wenn Bespannung und Maschine zusammenpassen, ist dies ein praktisches Gerät für Hobbyanbauer. Baut man das Rodeschar ab, kann der Kartoffelroder auch zum behelfsmäßigen Miststreuen oder -verteilen genutzt werden.

## Kastendüngerstreuer

Mit der stärkeren Verwendung von Handelsdünger Anfang dieses Jahrhunderts kamen auch die Düngerstreuer auf, mit denen gleichmäßig dosierte Düngerverteilung ermöglicht wurde.

Ein 2 m bis 2,50 m breiter Holzkasten, der nach unten hin schmaler wird, ist zwischen zwei Holz-, Eisen-, später auch luftbereifte Laufräder gelagert. Der Bodenantrieb wird an jedem Rad gesondert eingeschaltet. Bei den damals sehr häufigen Gitter- oder Schlitzstreuern bewegt sich dadurch eine Welle, die mit schräg gelagerten Scheiben besetzt ist. Die Welle liegt knapp über dem Gitterboden, der mit einer Schubleiste verriegelt und in seinem Durchlass verändert werden kann, je nach gewünschter Streumenge. Von der Mitte des Kastens aus sind Scherbäume montiert, zwischen denen angespannt wird. Der Zweisortenstreuer mit getrennten Kästen und getrennter Ausbringvorrichtung war ebenfalls weit verbreitet.

Außer den Gitterstreuern gab es noch Walzen- und Tellerstreuer, die eine Feinverteilung über rotierende Walzen oder Teller erreichten. Auch Windschutztücher wurden benützt, die seitlich vor den Rädern und auf der gesamten Kastenbreite hinten herunterhingen. Um bei leichteren Pferden zweispännig zu fahren, gab es Vorderwagen mit Deichsel.

Vor allem im Vorfrühling ist der Handelsdüngerstreuer wichtig, um Thomasmehl und Kalk, die als unentbehrliche Bodenverbesserer benötigt werden, auszubringen. In weitgehend ebenem Gelände stellt beispielsweise ein 2 m breiter Streuer nur eine geringe Zugbelastung dar, die auch von einem kräftigen Kleinpferd gut bewältigt werden kann. In Hanglagen ist die Belastung höher.

Trotzdem gehört der Kastendüngerstreuer zu den leichtzügigsten Geräten in der Pferdewirtschaft. Aus diesen Gründen ist er auch heute noch für Pferdebauern und Kleinlandwirte attraktiv. Auf kleinen Höfen wurde der Kastenstreuer nie vollständig vom modernen Schleuderstreuer für den Trecker abgelöst. Er ist häufig noch in recht gutem Zustand vorhanden.

Sicherlich ließen sich hier noch eine Reihe weiterer Gerätschaften aufführen. Die gängigsten und wichtigsten sind aber genannt. Besonderer Wert wurde darauf gelegt, die Geräte etwas in den Vordergrund zu stellen, die noch erhältlich sind und deren Einsatz für Hobbylandwirte oder den alternativen Landbau interessant sein dürften.

# Beschirrung und Anspannung

Die Aufgabe der Pferde in der Landwirtschaft unserer Region war und ist hauptsächlich die Zugarbeit. Das Pferdegeschirr muss die Fortbewegung einer hinten am Pferd angehängten Last ermöglichen, diese aber auch abbremsen oder zurückdrücken können. Ein solches Geschirr muss daher einige wichtige Kriterien erfüllen.

- Es muss stabil sein, um Gegengewichten, die dreimal so hoch wie das Gespanngewicht und mehr sein können, standzuhalten.
- Es muss bequem und der Anatomie des jeweiligen Zugpferdes genau angepasst sein.
- Es sollte auch bei kraftvollem Einsatz die Bewegungsabläufe des Körpers so wenig wie möglich stören.

Zwei grundsätzlich verschiedene Geschirrarten waren damals wie heute bekannt: das Kumtgeschirr und das Brustblatt- oder Sielengeschirr. Beide haben ihre Vor- und Nachteile.

## Kumtgeschirr

Hier ist das Kumt oder Kummet das entscheidende Zugelement. Das Arbeitskumt besteht in Deutschland in aller Regel aus einem Holzrahmen, der den Pferdehals kurz vor der Schulter umfasst und mit einem meist strohgefüllten Lederleib gut abgepolstert ist. Mit einem Unterkissen aus rosshaargefülltem Leinen oder Filz ist er zusätzlich unterlegt. Lediglich die belgische Variante des Kumt hat kein Unterkissen.

### Aufbau des Kumts

Dieser allgemeine Kumtaufbau unterscheidet sich regional sehr stark. Laufen die Kumthölzer oben zusammen und werden von einer spitzen Lederhaube abgedeckt, spricht man vom Spitzkumt. Im Rheinland, teils auch in Westfalen sind dagegen die getrennten Kumthölzer, die wie zwei Hörner oben auseinanderstehen, üblich. Manche Kumte sind unten geschlossen, z. B. in Süddeutschland. Meistens kann das Kumt durch das Kumtschloss, eine einfache Steckverbindung aus zwei Flacheisen, geöffnet werden. Die beiden Rahmenhälften kann man zum leichteren Auflegen etwas auseinanderdrücken.

Beim Einsatz des Kumts ist absolute Passgenauigkeit entscheidend. Die Halsformen der Pferde variieren jedoch von Tier zu Tier enorm. Daher braucht jedes Pferd ein auf seine Halsform angepasstes Kumt. Früher war es durchaus üblich, beim Verkauf des Pferdes das Kumt mitzugeben. Hier liegt auch der Hauptnachteil des Kumts. Oft wurde aus Kostengründen oder auch weil kein geeigneter Sattler zur Verfügung stand zum Sielengeschirr gegriffen. Viel schlimmer jedoch war es, wenn ein gerade vorhandenes Kumt aufgelegt wurde, das nicht auf das Pferd zugeschnitten war und im Handumdrehen Druckstellen verursachte.

### Vorteile der Kumtanspannung

Der Hauptvorteil des Kumts liegt in seiner der Anatomie des Körpers gut angepassten Lage. Es wird an der Stelle platziert, wo sich der Pferdekörper durch die massive Schulterpartie stark verbreitert. Dadurch kann es auf einer großen Fläche aufliegen und dem Pferd im

Kaltblüter zum Holzrücken mit einem typisch süddeutschen Spitzkumt angeschirrt. Die Kumthölzer weisen keinen Eisenbeschlag auf, was für die Rückearbeit jedoch empfehlenswert wäre.

schweren Zug durch sein starres Gebilde einen sicheren Gegenhalt bieten. Das Pferd kann sich in das Kumt geradezu hineinstemmen. Der Zugansatzpunkt sitzt etwa zwischen unterem und mittlerem Drittel des Kumts, also relativ weit vorn und hoch. Damit kommen auch die hebenden Kräfte vor allem beim Anziehen einer Last oder in losem Boden gut zum Einsatz.

Das Kumt ist somit prädestiniert für schwersten Zug, gerade auch, weil die vorderen Muskelpartien und das Schultergelenk in ihrer Bewegung kaum gestört werden.

## Anspannung mit Kumt

Bei der reinen Feldanspannung zum Ziehen von lose angehängten Geräten wie Egge und Pflug oder auch beim Holzrücken gehört zum Kumt noch ein Schweifriemen. Er hält das Kumt am Pferdehals fest, wenn das Pferd beispielsweise den Kopf senkt. Außerdem ist ein Rippscheit nötig, ein breiter, über den Rücken laufender Lederriemen, an dem seitlich nach hinten weisende Zughaken und nach vorn der Körperform angepasste Rundeisenstäbe angehängt sind. Sie werden am Kumt eingehakt.

Zugketten oder Seile werden an den Rippscheithaken eingehängt. Diese Beschirrung genügt auch, um im Zweispänner an Wagen oder Geräten mit Deichsel anzuspannen. Nun darf die Kumtkette vorn nicht fehlen, an der die Steuerkette der Deichsel befestigt werden muss.

Um einspännig im Wagen oder mit fest anzuspannenden Geräten wie Mähmaschine, Heuwender oder Vielfachgerät zu arbeiten, braucht man noch ein stabiles Sellett (Karrensattel) und ein Hintergeschirr. Beides ist so breit und stabil, dass es schwersten Anforderungen genügt.

Früher benutzte man in der Arbeitsanspannung nur den Karrensattel. Er ist breit gebaut und hat einen gepolsterten Unterbau. Ein breiter, darübergelegter Riemen mit großen Endschlaufen trägt die Scherbäume, zum Beispiel bei der schweren einachsigen Schlagkarre. Der Wagensattel, eine etwas verfeinerte Abwandlung des Karrensattels, ist genauso breit und gepolstert, aber ähnlich wie ein Reitsattel mit Leder überzogen und vorn oft verziert. Beide Geschirrteile entsprechen also dem Sellett eines Einspänner-Kutschge-

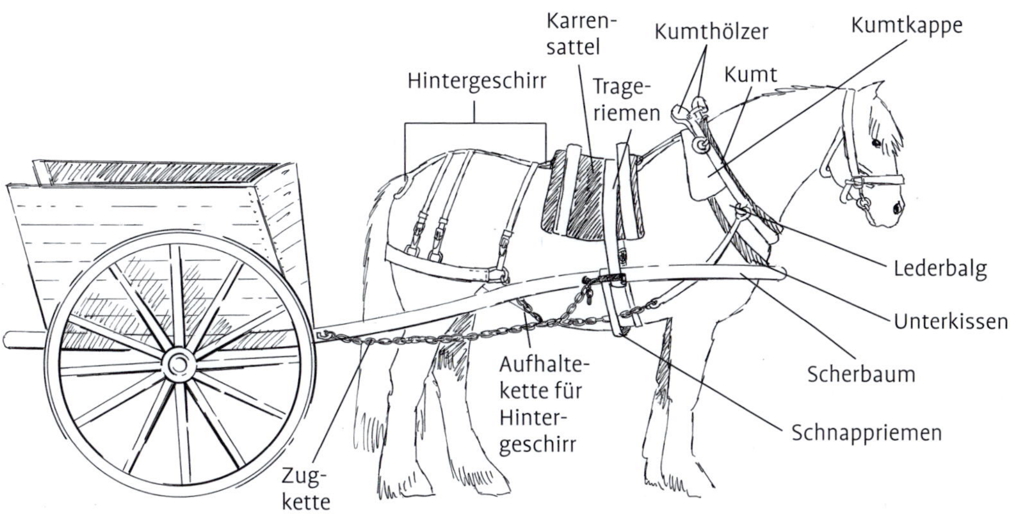


Oben:
Arbeitspferd im schweren Einspänner-Kumtgeschirr, wie es z.B. beim Gebrauch der Schlagkarre nötig ist.

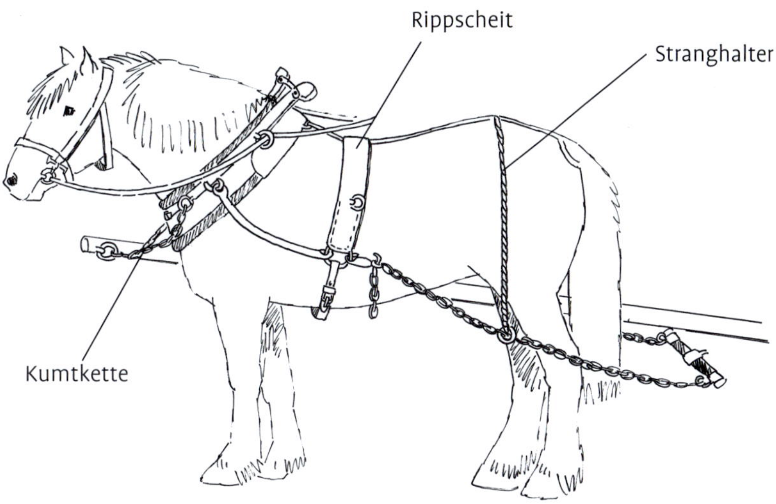


Rechts:
Arbeitskumtanspannung für zweispänniges Fahren am Wagen und sämtliche ein- und mehrspännige Arbeiten mit lose (ohne Deichsel oder Schere) angehängten Geräten.

schirrs. Sie verteilen großflächig die Last, die teilweise bewusst durch etwas vorderlastiges Beladen (S. 33) auf den Pferderücken übertragen werden. Einzelne Geräte wie beispielsweise der einspännig ohne Vorderwagen gefahrene Grasmäher sind konstruktionsbedingt ziemlich vorderlastig. Bei seiner Anspannung braucht man auf jeden Fall einen Karren- oder Wagensattel.

Schließlich gehört zum Einspännerkumtgeschirr noch ein Hintergeschirr (Umgang). Es wird aus breitem, stabilem Leder gefertigt. Das Pferd ist damit in der Lage, den Schub der Last bergab aufzuhalten oder die Last im Bedarfsfall zurückzudrücken.

Das Hintergeschirr wird durch grobgliedrige, etwa 40 cm lange Kettenstücke an den Scherbäumen befestigt.

Rheinisches Kaltblut zum Pflügen im Kumtgeschirr angespannt.

Bei einachsigen Wagen und Geräten darf niemals der Schnappriemen vergessen werden. Dieser breite Riemen wird auf einen Scherbaum aufgesteckt und am anderen Scherbaum passend angeschnallt. Er verläuft unter dem Pferdebauch kurz hinter den Vorderbeinen durch und verhindert ein Hochschnappen der Fuhre bei Hecklastigkeit.

Die beschriebenen Geschirrteile des Kumtgeschirrs sind grundsätzlich in ihrer Bauweise und Lage am Pferd beim Einspänner-Brustblattgeschirr gleich. Beim traditionellen bäuerlichen Einspänner wurde allerdings das Kumtgeschirr weitaus häufiger verwendet.

## Regionale Unterschiede

In Norddeutschland war das Kumtgeschirr weniger verbreitet. Je näher man jedoch an die Mittelgebirgsregionen kommt, desto seltener wird das Brustblattgeschirr in der Landwirtschaft eingesetzt. In Süddeutschland war es vom Kumtgeschirr größtenteils verdrängt.

Auch zu den verwendeten Pferderassen (S. 11) lassen sich in Bezug auf die Geschirrverwendung einige Parallelen ziehen. Flache, großräumige, landwirtschaftlich begünstigte Gebiete mit größeren Betrieben arbeiteten meist mit mehr Pferden und in Mehranspannung. Durch die geringeren Anforderungen an schweren Zug wurden oft Warmblüter eingesetzt, durchweg mit Brustblattanspannung. In den Mittelgebirgs-, teils auch in den Hochgebirgsregionen gab es viele kleine Höfe, die einspännig arbeiteten. Das Pferd musste auf eher kurzen Entfernungen oft schwersten Zug leisten, überwiegend im Kumtgeschirr. Jedoch wurde auch auf Domänen und Gutshöfen in flachen Gegenden mit tiefer Bodenkultur die Kumtanspannung bevorzugt. Teilweise wurde sie auch erst im Zuge der veränderten Wirtschaftsweise eingeführt.

**Zusammenfassung Kumt**

- Das Kumtgeschirr ist das Arbeitsgeschirr für schweren Zug, muss aber für jedes Pferd individuell angepasst werden. Es soll am Pferdehals sanft anliegen, im unteren Kehlgangsbereich muss trotzdem Platz für eine flach eingesteckte Hand sein. Der Zugansatzpunkt liegt im Übergang vom mittleren zum unteren Drittel des Kumts, das hier auch am breitesten ist.
- Das schwer ziehende Pferd kann mit richtig angepasstem Kumt seine Kräfte weitgehend ungehindert entfalten, was ihm Vertrauen und Sicherheit gibt.

# Brustblattgeschirr

## Aufbau des Brustblattgeschirrs

Ebenso wie das Kumtgeschirr hat das Brustblattgeschirr seine Vor- und Nachteile. Das Arbeitsbrustblatt besteht aus einem 10 bis 12 cm breiten, doppelt gelegten Riemen, auf den vor allem bei sehr stabilen Ausführungen ein etwa 6 cm breiter, teilweise dreifach übereinandergelegter Verstärkungsriemen aufgenäht ist. Vorn in der Mitte befindet sich ein stabiler Ring zum Einhängen der Deichselkette.

Bei Zweispännern wurde die Deichsel oft auch am losen Halskoppelriemen befestigt, einem breiten Riemen mit einem Ring, der den Pferden zusätzlich lose um den Hals gehängt wurde. Seitlich am Brustblatt sind Ringe oder Schnallen für den Halsriemen eingenäht. Er hält das Brustblatt auf der Pferdebrust in der gewünschten Lage.

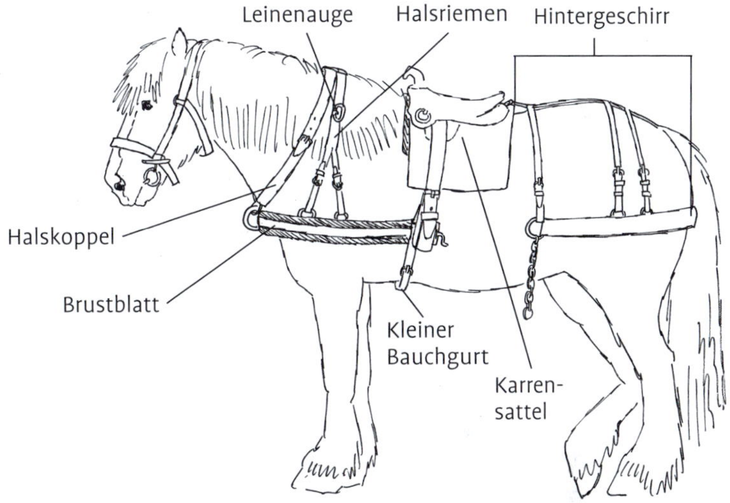


Arbeitspferd im schweren Einspänner-Brustblattgeschirr. Unter der Tragschlaufe des Karrensattels verbirgt sich der Zughaken des Brustblattes.

Der Heubock kann geerntet werden. Übergangsweise wird der Kaltblüter hier einspännig an der Deichsel gefahren. Ist das Ortscheit etwas mittig angehängt, ist dies kein Problem.

Der Übergang vom Brustblatt, dem eigentlichen Zugelement, nach hinten zur Last kann sehr unterschiedlich sein. Bei den im Norden und Osten Deutschlands vielfach verwendeten Geschirren führt ein lederner Zugstrang bis zum Flankenbereich des Pferdes und endet in einem Ring. Ab hier werden Ketten oder Seile angebracht. Beim Militärgeschirr und anderen Brustblättern ist an ihrem eigentlichen Ende, also in Höhe des Sellets oder Kammdeckels, ein großer Ring oder auch ein Haken befestigt. Die Ortscheite müssen dann mit Ketten oder Seilen versehen sein, die man in Höhe des Ellbogenhöckers ähnlich wie beim Kumt einhängen kann. Seitlich wird das Brustblatt am Kammdeckel des Zweispänners oder am Sellett des Einspänners in der passenden Höhe von einer Riemenverbindung, der Oberblattstrupfe, getragen.

### Anpassen des Brustblattes

Damit das Pferd auch im Brustblattgeschirr gut arbeiten kann, muss auch dies gut angepasst sein. Im Vergleich zum Kumtgeschirr sind jedoch relativ einfache Kriterien zu erfüllen.

- Der untere Rand des Brustblattes muss etwa zwei Finger breit über dem Buggelenk liegen.
- Die Linie Brustblatt-Zugstrang bis zum Zugansatzpunkt an der Last sollte eine Gerade bilden.

Ein Brustblatt mit guten Verschnallmöglichkeiten kann man auch für mehrere Pferde benutzen. Dies ist natürlich ein großer Vorteil gegenüber dem Kumt, das dem Pferd speziell angepasst werden muss.

Nachteil des Brustblattes ist, dass es auch bei sachgemäßer Verschnallung im schweren Zug den Brustraum des Pferdes zusammenzieht. Außerdem spannt es gerade um die im Zug stark kontrahierten Muskeln im Bereich Schulter und Oberarm. Dies lässt sich vor allem beim muskelbepackten Kaltblüter gut beobachten. Es leuchtet daher ein, dass für ein stark ziehendes Pferd ein Kumt angenehmer ist. Trotzdem wird oft bei Pferden, die sowohl Kumt als auch Brustblatt gewöhnt sind, kein Unterschied im Zugvermögen festgestellt. Die Dauerbelastung über viele Jahre könnte einem aufmerksamen Beobachter vielleicht mehr Aufschluss geben.

## Anspannung mit Brustblattgeschirr

Zum zweispännigen Fahren benötigt man zumindest ein Brustblatt mit einem Kammdeckel. Eigentlich gehört auch ein Schweifriemen dazu. Er fehlte früher jedoch fast bei jedem Zweispänner. In Ungarn, einem Land mit reiner Brustblattanspannung, sieht man keinen einzigen Schweifriemen an den Arbeitsgeschirren. Wichtiger ist ein stabiler Halskoppelriemen. Beim Auflaufen der Last oder beim Tragen der Deichsel, wie etwa beim Grasmäher ohne Vorderwagen, ermöglicht er ein kräftiges Gegenhalten. Mit dem eben beschriebenen Geschirr können auch die lose angehängten Ackergeräte, wie beispielsweise Egge, Pflug oder Schleppe gezogen werden. Um einspännig vor Wagen, Karre oder Feldgeräten mit Scherbäumen anzuspannen, braucht man beim Brustblattgeschirr – wie beim Kumtgeschirr – zusätzlich Sellett, Karren- oder Wagensattel, Hintergeschirr und Schnappriemen.

**Zusammenfassung**

- Das Brustblattgeschirr ist durch verschiedene Verschnallungsmöglichkeiten leicht auch auf verschiedene Pferde anzupassen. Die Unterkante des Brustblattes sollte etwa zwei Finger breit über dem Buggelenk liegen. Das Brustblatt muss nach hinten zum Zugansatzpunkt der Last in einer ungebrochenen Linie verlaufen.
- Da das Brustblatt bei schwerem Zug die Vorhandmuskulatur einschneiden kann, ist es zumindest für Rückearbeit nicht zu empfehlen.

## Zäumung

Zur Beschirrung gehören natürlich nicht nur die eigentlichen Zugelemente, sondern auch die Zäumung. Und dies war leider früher doch ein schwarzes Kapitel in der Pferdearbeit. Denn es wurde wohl kaum so gesündigt wie beim Gebrauch unpassender, verschlissener und zu scharfer Mundstücke.

### Gebisse

Meist wurde in die normalen Stallhalfter nur eine Trense mit Knebeln eingehängt. Diese Trensen waren jedoch oft alles andere als mild in ihrer Wirkung: dünn und gedreht, häufig in der Mitte verschlissen und demzufolge scharfkantig. Bei rauer Leinenführung konnten sie sich zu Marterinstrumenten entwickeln. In arbeitsärmeren Zeiten setzten sie Rost an, der sich beim nächsten Einsatz im Pferdemaul ablöste.

Auch Kandaren wurden benutzt. Wehe dem Pferd, dessen Fuhrmann die Hebelgesetze nicht berücksichtigte. Sicher spielte bei der Zäumung die Tradition und die Erfahrung, die vom Vater auf den Sohn übertragen wurde, eine große Rolle.

Viele Bauern hatten in jüngeren Jahren möglicherweise bei einer berittenen oder bespannten Truppe gedient, wo auf ordnungsgemäße Beschirrung und Zäumung größten Wert gelegt wurde. Häufig wurden diese Maßstäbe mit auf den eigenen Betrieb genommen.

### Leinen

Mit der Zäumung allein kann ein Pferd jedoch nicht gelenkt werden. Man braucht auch bei erfahrenen Zugpferden Leinen oder Führstricke. Auch hier gibt es regionale Unterschiede. In den Gebirgsgegenden, wo Ein- oder Zweispänner benutzt wurden, ging der Fuhrmann ungefähr in Kopfhöhe neben seinem Gespann her.

Ein Führstrick oder Lederriemen mit einer kurzen, feingliedrigen Kette lag in der Hand oder hing bei sehr routinierten Pferden griffbereit am Kumt. Die Peitsche, die der Fuhrmann immer mitführte, war ebenso wichtig beim Lenken des Gespanns.

#### Einspännerleine

Neben dem Pferd herzugehen war beim schweren Einspänner mit Kippkarre absolut üblich. Beim zweiachsigen Ackerwagen schnallte man schon eher die Einspännerleine an, um hinten sitzen zu können. Der Zweispänner wurde auch am Kopf gelenkt und zwar am linken Pferd.

Häufig benutzte man auch eine Kreuzleine oder einfache Einspännerleine, die außen an jedem Pferd angeschnallt wurde. In der Mitte band man die Pferde mit einem Lederriemen oder Strick zusammen oder verband sie auch mit einer 60 bis 80 cm langen, dünnen Stange. Diese Leinenführung war überwiegend bei der Feldarbeit mit Zweispännern gebräuchlich.

Wenn man heute an eine Kreuz- oder Einspännerleine denkt, hat man fast immer einen langen Zügel aus Leder vor Augen. Dies war in der kleinbäuerlichen Arbeitsanspannung jedoch eher selten der Fall. Gewöhnlich benutzte man einen etwa 12 mm dicken, drei- oder vierfach gedrehten Hanfstrick mit kleinen Haken oder Klammern am Ende. Oft wurde er auch am Trensenring angebunden. Vielleicht stammt daraus der heute gebräuchliche Ausdruck „Fahrleinen".

Ackerleinen aus Hanfseilen wurden den ledernen Leinen damals vorgezogen, weil sie nicht so teuer und auch ohne viel Pflege wesentlich strapazierfähiger waren. Nicht zuletzt waren sie flexibler in der Handhabung, wenn es darum ging, sie beispielsweise am Vorderwagen des Pfluges durchzuschlaufen, schnell durch einen Knoten zu verkürzen, oder auch, um eine Ladung Heu mit ihnen festzubinden.

Beim Gebrauch der Stoßleine hat das Pferd ziemlichen Handlungsfreiraum. Der Fuhrmann kann die Bewegungen des angehängten Holzes gut verfolgen, um Schäden am Bestand zu vermeiden. Vorsicht bei mitgeschlepptem Reisig!

Die Stoßleine – zum Holzrücken die ideale Leinenführung.

## Stoßleine

Ein weiterer Leinentyp beim Einspänner, die Stoßleine, Zoppleine, Zupfleine oder auch Hottleine genannt, war eher in Süddeutschland verbreitet, immer im Zusammenhang mit Kumtanspannung. Vom Pferdemaul führt ein dem Reitzügel ähnlicher, stabiler Lederriemen oder ein Seil zu den Leinenführungsringen des Kumts und wird dort befestigt. Diese Leine darf keine Knoten oder Schnallen haben. Ein Ring läuft freibeweglich auf der Leine. An diesem Ring ist ein Strick befestigt, der je nach Bedarf unterschiedlich weit nach hinten übers Pferd hinausreicht.

Diese Leinenführung wird häufig mit Kandarenzäumung gebraucht. Das Pferd wird dabei von hinten mit dem einen langen Strick gelenkt, wobei der Fuhrmann bei Rechtswendung an der Leine zupft und dies mit deutlichem Kommando wie Hott oder Hischt unterstützt. Bei einer Linkswendung wird die Leine in möglichst ruhigem Zug leicht angenommen und das entsprechende Kommando gegeben (Haa oder Har). Diese Leinenführung verlangt viel Übung und einen gefühlvollen und ruhigen Umgang.

Das bisher Gesagte gilt überwiegend für die kleinbäuerlichen Landwirtschaften der Mittelgebirgsgegenden. Auf größeren Höfen Nord- und Ostdeutschlands waren der Zweispänner und Mehrspänner verbreitet. Man fuhr von hinten, also vom Bock aus. Die häufig etwas sensibleren Warmblüter benötigten eine genauere und gleichmäßig einwirkende Leinenführung. Kreuzleine und auch Doppelringtrensen wurden benutzt, die durch Scharf- und Weichschnallung je nach Temperament umgeschnallt werden konnten.

**Zusammenfassung Leinen**

Bei den verschiedenen Ackerleinen vom Ein- bis Vierspänner sind einfache Tauleinen aus etwa 12 mm dickem Hanfstrick eine gute Lösung. Sie sind zwar wetter- und auch schmutzunempfindlich, aber vor allem beim Mehrspännereinsatz etwas unpraktischer, da die Verstellmöglichkeiten gering sind. Bei Pferden mit unterschiedlichem Temperament im Zweispänner ist eine Achenbachleine zu empfehlen.

## Anspannung

Die in Kumt oder Sielen sich sammelnden Kräfte werden über Zugstränge, Seile oder Zugketten auf das Gerät übertragen. Die Stränge sind dort am 80 bis 100 cm breiten Ortscheit befestigt. Je nach Gegend auch Schwengel oder Hamschnitt genannt. Das Ortscheit soll die Zugstränge, die an den beiden Seiten des Pferdes entlanglaufen, so weit auseinanderhalten, dass sie nicht am Pferdebauch oder an den Beinen scheuern.

Die Zugstränge werden am Ortscheit angeschlauft oder eingehängt. Manche sind fest mit dem Ortscheit verbunden und müssen dann vorn am Kumt oder Brustblatt eingehängt werden, je nach Geschirrtyp. In der Mitte des Ortscheits sitzt eine eiserne Schelle, die zur Last zeigt. Dieser Ring wird an Wagen und Ackergeräten eingehängt. Während des Zuges wird die Schulterbewegung des schreitenden Pferdes an dieser Einpunktaufhängung ausgeglichen. Das Ortscheit pendelt gleichmäßig hin und her.

Bei der einachsigen Schlagkarre und bei einigen Kutschanspannungen wird – immer im Kumtgeschirr – fest angespannt. Das heißt, die Zugstränge oder Ketten werden an festmontierten Haken, bei Kutschen an den sogenannten Docken befestigt. Die Bewegungen des Pferdekörpers finden dann im Kumt einen starren Widerstand. Damit ist die Gefahr groß, dass vor allem im schweren Zug Scheuerstellen auftreten. Beim Brustblatt wäre die feste Anspannung fast schon als Tierquälerei zu bezeichnen. Durch die lockere Bauweise des Brustgeschirrs entsteht hier eine noch viel höhere Reibung.

Die damals eingesetzten Ortscheite waren überwiegend aus gut abgelagertem Eschen- oder Eichenholz. Die Holzarbeiten verrichtete der Stellmacher, manchmal auch der Bauer selbst, und die Beschläge erstellte der Schmied.

### Zweispänner

Um zweispännig zu fahren, braucht man noch die Zugwaage, auch Spielwaage oder lose Waage genannt. Dies ist ein großes Ortscheit mit einer Breite von 1 bis 1,2 m je nach verwendetem Pferdetyp. An ihrem Ende sind die Ortscheite der beiden Pferde entweder eingehängt oder fest angebracht. Der mittig sitzende Ring wird an der Last befestigt. Mit dieser Anspannung können zwei Pferde sich die Last genau teilen. Gleichzeitig erlaubt ihnen die Spielwaage einen gewissen Bewegungsraum vor der Last. Stöße und Widerstände, die durch eine schlagende Deichsel oder unebene Fahrbahn auftreten, werden durch die Anhängepunkte von Spielwaage und Ortscheit gedämpft, Pferdebrust und -schulter damit in schwerem Zug enorm entlastet.

Durch die Spielwaage ist ein Zugausgleich auch zwischen unterschiedlich starken Pferden möglich. Wenn der Mittelring nach rechts oder links versetzt wird, verkürzt man damit den einen und verlängert den anderen Waagarm. Das Pferd am kürzeren Waagarm wird nun stärker belastet als das am langen. Über eine einfache Prozentrechnung lässt sich so schnell ermitteln, wie viel von dem zu ziehenden Gewicht jedem Pferd zufällt. Stellt man das Ergebnis noch in Beziehung zum Körper-

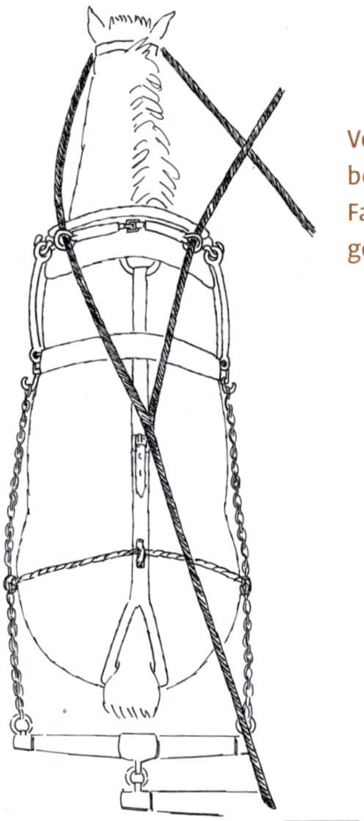

Verlauf der Kreuzleine bei zweispänniger Fahrweise im Kumtgeschirr.

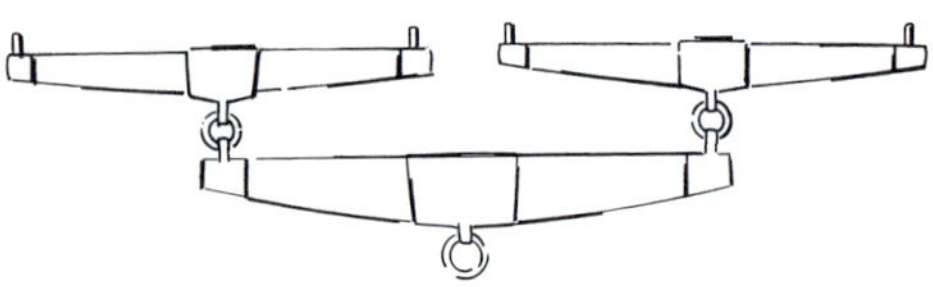

Zweispänner-Waagscheit mit Ortscheiten und vom Schmied gefertigten Beschlägen.

gewicht des Pferdes, das einen ungefähren Aufschluss über die Kraft des Tieres gibt, wird deutlich, ob das junge oder schwächere Pferd auch nicht überfordert ist (S. 97).

An Kutschwagen und beim Einfahren junger Pferde wird trotzdem die feste Anspannung bevorzugt. Dabei hängen die Ortscheite direkt an der Wagenbracke, einem vorderen Rahmenteil der Kutsche. Die Spielwaage kann auch durch eine Kette oder ein Seil auf einer Seite angebunden werden. Ein noch nicht zugsicheres Jungpferd braucht so nur mitzulaufen, während das als Lehrmeister bezeichnete, erfahrenere Pferd die Last alleine zieht.

Die lose Anspannung an der Spielwaage ist für schweren Zug auf jeden Fall zu bevorzugen. Der optimale Zugausgleich und die weichere Kraftübertragung, vor allem in unebenem Terrain, sind die Hauptvorteile. Lose angehängte Ackergeräte wie Grubber, Pflug oder Egge können mit einem Zweispänner nicht anders bewegt werden.

## Laufzügel

Mithilfe der Spielwaage war es auch möglich, ein ungestümes Pferd neben ein gelassenes und ruhiges Tier zu spannen. Entscheidendes Hilfsmittel war hier der Laufzügel. Diese Methode ist heute sehr umstritten. Das heftigere Pferd wird mit diesem Hilfszügel exakt auf die Höhe des ruhigen Tieres gezwungen. Ein dem Reitzügel ähnlicher, schnallenloser Riemen wird am Mundstück zusätzlich zu den Fahrleinen eingeschnallt. Etwa in Höhe des Widerrists läuft ein Ring auf dem Zügel. Hier wird ein Seil oder dünner Riemen befestigt, der zum Ortscheitring des Nebenpferdes führt. Zieht das heftige Pferd an und bewegt die Spielwaage auf seiner Seite entsprechend stark nach vorn, übt es unweigerlich über den auf der Gegenseite befestigten Laufzügel Druck auf sein Maul aus.

Das Pferd findet meist sehr schnell heraus, dass kein Druck zu erwarten ist, wenn es ruhig und gleichmäßig neben dem anderen Pferd her geht. Meist gibt es dann recht schnell nach. Es gibt jedoch auch Pferde, die ständig bis zum Anschlag vorziehen und sich so einem konstanten Druck im Maul aussetzen. Dies kann entsprechende Folgen auf die Empfindsamkeit des Pferdemaules haben.

Mit dem Laufzügel sicherte man sich früher teilweise auch gegen das Durchgehen eines unberechenbaren oder jungen Pferdes ab. Trotzdem bleibt der Gebrauch des Laufzügels eine Gratwanderung. Außerdem kann der stetige, bei weiterem Pullen stärker werdende

Druck ein nerviges Pferd erst recht zu einer Überreaktion veranlassen. Radikales Auskeilen, Steigen und Bocken sind die Folge, Geschirr- und Deichselbrüche vorprogrammiert.

**Zusammenfassung Zweispänner**

- Der Zweispänner ist für die meisten landwirtschaftlichen Arbeiten in unseren Regionen die optimale Lösung. Er ist ausreichend kräftig, auch für relativ Ungeübte noch übersichtlich und handlich.
- Der Zweispänner eignet sich vor allem für Feldarbeiten, die möglichst gerade Fahrtlinien brauchen (pflügen, säen, mähen). Die Pferde ergänzen sich oft in Bezug auf Temperament, Fleiß oder Erfahrung.
- Beim Anspannen sollten häufig die Seiten gewechselt werden, außerdem sollte mit beiden Pferden regelmäßig einzeln gearbeitet werden, um keine zu starke Eingewöhnung auf eine Arbeitsweise zu fördern.

## Dreispänner

In Gebieten mit größeren Landwirtschaften und Gutsbetrieben wurde nicht nur ein- und zweispännig gefahren, sondern auch drei- und mehrspännig. Vor allem in der Zeit zwischen den Weltkriegen propagierten regelrechte Werbekampagnen die Mehranspannung. Neue Erkenntnisse auf diesem Gebiet, die überwiegend aus Amerika stammten, gaben den Anstoß zum vermehrten Fahren mit mehreren Pferden. Davon abgesehen war der Dreispänner schon von jeher in Gebieten östlich der Elbe üblich.

Für die Anspannung von drei Pferden nebeneinander müssen Spielwaagen und Ortscheite besonders kombiniert werden. Hauptziel dieser Anspannung ist wiederum der optimale Zugausgleich zwischen den Pferden. An einem etwa 1,50 m langen, stabilen Waagscheit befindet sich zwischen erstem und zweitem Drittel der zur Last hin weisende Ring. Auf dieser Seite hängt am Endhaken nach vorn eine gewöhnliche Zweispännerwaage. Hier werden die Ortscheite von zwei Pferden eingehakt. An der anderen Seite des Dreispännerscheits hängt direkt ein Ortscheit für das dritte Pferd. Diese Anspannung setzt drei etwa gleichstarke Pferde voraus. Ansonsten können sowohl die Spielwaage wie auch die Dreispännerwaage durch Verschieben der Zugansatzpunkte an den Waagen entsprechend verstellt werden.

### Lenken des Dreispänners

Wie lenkt man ein solches Gespann? Es gibt mehrere Möglichkeiten. Die einfachste Methode entspricht der Leinenführung beim Zweispänner. Außen an den Pferden wird eine gewöhnliche Ackerleine eingeschnallt, die Pferde in der Mitte werden einfach zusammengebunden.

Man kann genauso den Zweispänner durch ein weiteres Pferd zum Dreispänner erweitern. Dabei wird das an der Spielwaage gehende Gespann mit der Kreuzleine gelenkt. Das dritte Pferd, das am langen Arm des Dreispännerscheits angehängt ist, wird innen an Oberblattstrupfe und Bauchgurt des Kammdeckels des danebengehenden Zweispännerpferdes angebunden. Außen wird das dritte Pferd, ähnlich wie beim Longieren, leicht ausgebunden. Wichtig ist dabei, dass das Beipferd etwa einen halben Meter hinter den beiden anderen steht, da es sonst in Wendungen und beim Halten stört. Um gleichmäßigen Zug zu erreichen, sollte man drei Pferde mit etwa gleichem Temperament haben. Stellt man ein weiteres Pferd auf der anderen Seite neben den Dreispänner, wird daraus ein Vierspänner.

Zurück zum Dreigespann. Eine weitere Möglichkeit es zu lenken ist die Dreispännerkreuzleine. Die Pferde werden auf einer Höhe nebeneinandergespannt. Nimmt der Fuhrmann die Leinen an oder gibt nach, empfinden dies alle drei Pferde gleich. Diese Methode

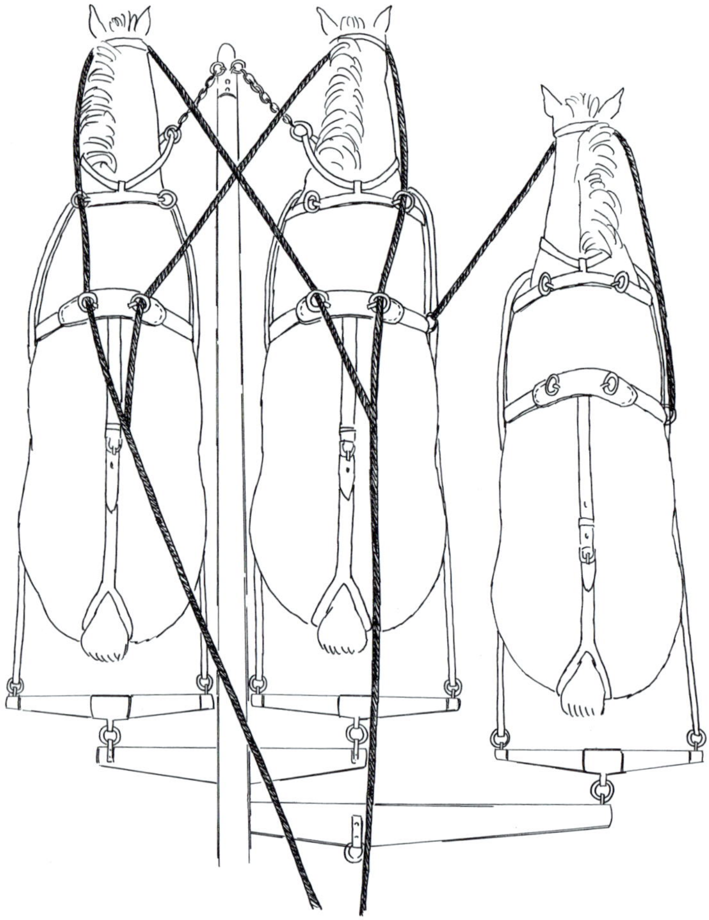

Eine Möglichkeit, dreispännig zu fahren: Durch das Zurückbinden des dritten Pferdes werden die Stangenpferde in Wendungen nicht behindert.

wurde aber nur sehr selten angewandt, da das Dreigespann vor allem im Westen Deutschlands mehr eine Behelfslösung darstellte.

Wenn eine alte Wiese oder ein Luzerneacker umgebrochen werden sollte oder eine besonders schwere Erntefuhre zu erwarten war, nahm man gern ein drittes Pferd zum normalen Zweispänner dazu. Gerade den Mähbinder kann man als eine regelrechte Dreispännermaschine bezeichnen. Waren auf einem Hof keine drei Pferde vorhanden, half man sich gegenseitig aus. Man arbeitete dann meistens mit der Außenleine und band die Pferde in der Mitte zusammen. In östlichen Ländern, wo der Dreispänner eher gebräuchlich war, wurde das dritte Pferd oft seitlich am Zweispänner angebunden (siehe oben).

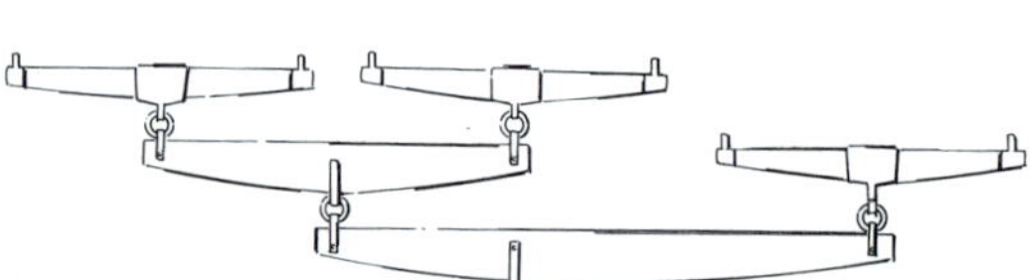

Dreispännerwaagscheit

Auch bei starken Steigungen oder auf zerfahrenen, matschigen Feldausgängen wurde kurzfristig ein drittes Pferd zu Hilfe genommen. Meist wurde es vorn an der Deichsel des Zweispänners an einem stabilen Haken eingehängt, um dieses Hindernis zu überwinden. Genauso ging man auch beim Einspänner vor, allerdings wurden dann die Zugstränge direkt,

Durch die Hilfszügel kann so mit einer gewöhnlichen Zweispänner-Kreuzleine ein Dreispänner sicher gelenkt werden.

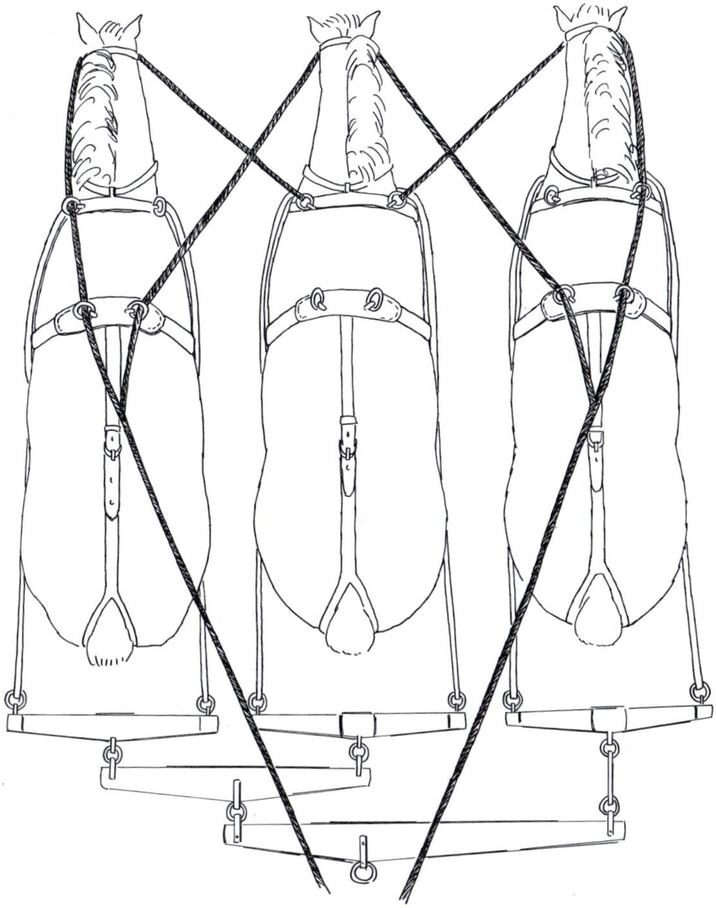

jeder für sich, in eiserne Endschlaufen an den Scherbäumen des Einspänners befestigt. In bergigen Gebieten waren diese Vorspanndienste nicht selten. Ein Landwirt, dessen Hof am Fuße einer starken Steigung lag, konnte sich damit noch etwas dazuverdienen und betrieb oft gleichzeitig eine Gastwirtschaft. Dort konnten sich Bauern und Fuhrleute die Wartezeit verkürzen. Naürlich gab es diese Fuhrmannskneipen auch auf den Berggipfeln.

Kaltblut, Warmblut und Ponykreuzung vor einem schweren Plattformwagen. Durch entsprechendes Verstellen sowohl des Dreispänner- als auch des Zweispänner-Ortscheits kommt jedem Pferd die ungefähr passende Zuglast zu.

Rollenbracke für vollständigen Zugausgleich zwischen Vorder- und Hinterpferden. Die Sattelpferde (links gehende Pferde) sind nicht abgebildet.

Schließlich mussten Pferd und Mensch sich auch vom steilen Aufstieg erholen und eine Pause einlegen.

## Vierspänner

Hier wird unterschieden zwischen dem „Vierspänner lang", also je zwei Pferden hintereinander, und dem „Vierspänner breit", vier Pferden nebeneinander. Beim Wagenfahren mit dem Vierspänner lang geht ein Zweigespann an der Deichsel vor dem Wagen. Das zweite Pferdepaar ist an einer Spielwaage angespannt, die vorn an der Deichselspitze oder bei Feldarbeiten mit Anspannung ohne Deichsel an Halskoppel oder Kumt der Hinterpferde hängt. Dazu braucht man eine Doppelwaage. Ein Waagscheit dient als Verbindungsglied zwischen den Hinterpferden. Ein zweites Waagscheit ist dort mittig angebracht, daran ziehen die Vorderpferde. Bei diesem Arbeitsvierspänner wird meist vom Sattel des linken Stangenpferdes aus gefahren. Das Handpferd ist am Reitpferd seitlich angebunden oder geht im Laufzügel. Die Vorderpferde lenkt der Reiter mit Kreuzleinen. Diese Anspannung war typisch für Ostpreußen.

Wenn ein solcher Vierspänner an Egge oder Grubber gehen sollte, spannte man die vier Pferde „breit" vor. Die Spielwaagen der Zweispänner werden nebeneinander an eine breite Vierspännerwaage angehängt. Die Stangenpferde werden neben die Vorderpferde gebunden und lenken diese mit einer eingeschnallten Kreuzleine.

Schon von jeher machte man sich viele Gedanken über die optimale Ausnutzung der Zugkräfte bei verschiedenen Anspannungsarten. Es gilt als erwiesen, dass ein „Dreigespann breit" fast ebenso viel wie ein „Vierspänner lang" ziehen kann. Diese Anspannung galt allgemein als die unwirtschaftlichste im Dauerbetrieb. Der Hauptgrund dafür liegt in dem schlechten Zugausgleich zwischen Vorder- und Stangenpferden. Die Vorderpferde neigen dazu, vor allem bei faulem Temperament, sich unauffällig vor der Last zu drücken, während die Stangenpferde dagegen meist ständig ziehen müssen. Außerdem liegt der Zugwinkel für die Vorderpferde ungünstiger. Der geringe oder gar nicht vorhandene Zugwinkel schaltet die hebenden Kräfte des Vordergespanns vollständig aus.

Diese Nachteile wurden in den 1920er-Jahren dieses Jahrhunderts durch die von der Fima Sack gebauten Rollenbracke ausgeglichen. Das Hinter- und Vordergespann ziehen dabei an derselben Zugkette, die durch die Ortscheite der Hinterpferde läuft. Die Vorderpferde haben weder Waage noch Ortscheite. Voraussetzung dafür ist, dass die Pferde in Bezug auf Kraft und Temperament ähnlich sind, da die beiden Gespanne mit der Rollenbracke vollständig voneinander abhängig sind.

Ein Zugausgleich zwischen unterschiedlich starken Pferden, wie er durch Verstellen der Zugpunkte an Spielwaagen möglich ist, kann bei der Rollenbracke nur seitenweise erfolgen. Dazu müssen die in etwa gleichstarken Pferde auf einer Seite gehen.

## Mehrspänner

Man kann jede Anspannung, bei der mehr als ein Pferd eingesetzt wird, als Mehrspänner bezeichnen. In Pferdekenner- und Fuhrmannskreisen versteht man darunter jedoch in erster Linie die Verwendung von mehr als vier Pferden in einem Gespann.

Auf landwirtschaftlichen Betrieben in Deutschland wurde der Mehrspänner sehr selten eingesetzt. Sowohl im städtischen, industriellen als auch im landwirtschaftlichen Fuhrwesen spannte man nur dann mehr als vier Pferde vor, wenn ein „Schwertransport" bewältigt werden musste. Große Dreschmaschinen oder Lokomobile wurden so befördert. Auch große Findlinge wurden vor allem im damaligen Ostdeutschland auf diese Weise aus wertvollen landwirtschaftlichen Flächen entfernt.

Es wurden dann sechs, acht oder mehr Pferde je nach Bedarf lang oder breit in den unterschiedlichsten Variationen angespannt. Da es sich dabei meist nur um kurzfristige Aktionen handelte, verwendete man keine besonderen Mehrspännerleinen oder ausgeklügelte Anspanntechniken, um den optimalen Zugausgleich zu finden. Die Fuhrleute blieben bei ihren einzelnen Gespannen und konzentrierten sich, vor allem beim Anziehen der Last, in erster Linie auf ihre eigenen Pferde. Die optimale Abstimmung zwischen den Fuhrleuten war hierbei deshalb besonders wichtig.

Das mehrspännige Fahren war beim Militär, sechs- und auch achtspännig, schon immer üblich. In den 1920er-Jahren dieses Jahrhunderts wurde es für relativ kurze Zeit auch für den landwirtschaftlichen Einsatz stark propagiert. Die industriellen Entwicklungen bei der Mechanisierung waren damals durch den Ersten Weltkrieg vorerst stehen geblieben. In der Landwirtschaft wollte man jedoch möglichst viel Fläche intensiv bewirtschaften.

Effektivere Ackergeräte nach amerikanischem Vorbild wurden eingesetzt. Für diese großen und schwerzügigen Maschinen war Mehranspannung notwendig. Durch die heimische Pferdezucht und -haltung war man unabhängig vom Ausland, was die Zugkraft betraf. Die amerikanischen Gerätetypen wurden meist nur von einem Mann gelenkt und konnten so auch in großen Landwirtschaften arbeitskräftemäßig bewältigt werden.

Teilweise wurden Gespanne auch vom Sattel aus gefahren und gelenkt. Dies war vor allem beim Militär und in Ostpreußen verbreitet. Auch wurde für die Verwendung von Sitzgeräten, wie in Amerika üblich, Werbung gemacht. Bei Mehrspännern lenkte man durchaus mehr als vier Pferde.

Aufwendige Leinenverschnallung sorgten bei fünf-, sechs- oder achtspännigem Arbeiten für gleichmäßiges Anziehen der Pferde auch im schweren Zug. Um den unterschiedlichen Kraftreserven der einzelnen Pferde gerecht zu werden, benutzte man Waagscheite, die auf die Zusammensetzung eines individuellen Gespannes genau abgestimmt waren.

Meist wurden Sitzgeräte benutzt, um dem Fuhrmann die Arbeit zu erleichtern und gleichzeitig die Geräte bei Einstellung und Wendemanövern gut im Griff zu haben. Teilweise wurde ein Ackergerät von einem Gespann gezogen und von einem zweiten Gespann gelenkt, das davor gespannt wurde. Die Mehranspannung, die sich in Amerika bis heute bei religiösen Gruppen wie den Amish gehalten hat, konnte sich in Deutschland nicht durchsetzen. Die politischen Veränderungen, der Zweite Weltkrieg und die folgende Motorisierungswelle brachte es schließlich mit sich, dass im Laufe der Jahre sogar der Einspänner in der Landwirtschaft zum endgültigen Stillstand kommen musste.

# Ausbildung der Pferde

Der Weg von einem jungen Fohlen zu einem guten mitdenkenden Arbeitspferd dauert sechs bis acht Jahre. Das Wichtigste ist heute wie früher die gründliche und überlegte Ausbildung.

## Früh übt sich ...

Die Erziehung beginnt bereits bei dem wenige Tage alten Saugfohlen, dem zum ersten Mal ein Halfter angelegt wird. Auch wenn es sich zuerst sträubt, wird es dieses „erste Geschirrteil" schnell akzeptieren. Fohlen von Arbeitspferden werden rasch die erste Bekanntschaft mit Wagen und Ackergerät machen, die später ihren Alltag bestimmen werden. Passionierte ehemalige Pferdebauern behaupten mit Überzeugung, dass die Fohlen schon im Mutterleib das Rasseln der Zugketten und Klappern von Wagen und Geräten mitbekommen und sich daran gewöhnen.

Auf kleinen Betrieben mit nur einem Gespann oder auch nur mit einem Zugpferd war es früher völlig normal, dass die Mutterstute einige Tage nach der Geburt ihren Dienst wieder aufnahm. Wenn möglich wurden ihr leichtere Arbeiten zugemutet. Die Abfohltermine lagen naturgemäß meist im April oder Mai. In dieser Zeit standen ohnehin Arbeiten an, die mehr Ausdauer als maximalen Krafteinsatz des Pferdes verlangten. Beim Eggen, Drillen, Striegeln oder Hacken wurde die Stute von einem umsichtigen Fuhrmann nicht überanstrengt.

Linke Seite:
Die Arbeitsrhythmen sowie Wagen, Geräte und Geräusche werden dem heranwachsenden Arbeitspferd so schnell zur Selbstverständlichkeit.

Die Ausbildung des Fohlens begann somit spielerisch gleich in den ersten Lebenswochen. Sämtliche Arbeiten, die es später selbst ausführen würde, lernte es nach und nach kennen. Junge Fohlen geben schnell nach, wenn sie mit Halfter und Führstrick beispielsweise auf Straßen an die Seite der Mutter gebunden werden. Bei einigen Arbeiten auf dem Feld durfte das Fohlen ebenfalls nicht frei laufen. Es musste entweder neben der Mutter herlaufen oder wurde am Wagen angebunden und wartete allein am Feldrand, bis die Arbeit getan war. Disziplin musste es schnell lernen.

Die Rufe und Kommandos des Fuhrmanns und die Bewegungen und Geräusche von Geschirr und Gerät waren für das Fohlen bald nichts Neues mehr. Durch die Bewegung kräftigte sich gleichzeitig die gesamte Konstitution des Jungtieres. Dies war in gewissem Maß auch ein Ausgleich für oft mangelnden Weidegang.

Notgedrungen wurde das Fohlen in die täglichen Arbeitsabläufe eingeführt, vor allem auf den kleinen Höfen. Diese Grundausbildung bekam es nebenbei mit, der wirkliche Ernst des Lebens begann allerdings häufig zu früh.

Viele Bauern spannten die Fohlen ein, wenn sie kräftig genug erschienen. Bei kaltblütigen Schlägen geschah dies häufig leider schon mit 1½ bis 2 Jahren. Blieb es bei leichten Arbeiten wie Striegeln oder Hacken, kann der erzieherische Wert der Sache noch sinnvoll erscheinen. Allzu oft jedoch wurden gerade die willigen und gelehrsamen jungen Pferde schnell mit harter Arbeit überfordert.

Oberstleutnant Munckel, ein Pferdevormusterungsoffizier der Wehrmacht, schreibt dazu in seinem Buch *Die Beurteilung des rheinisch-deutschen Kaltblutpferdes*:

„Ernst äußert sich die heute (1939) übliche zu frühe Anspannung. Mag auch ein Teil solcher missbrauchten jungen Pferde mit Erreichen der Vollreife wieder leidlich zu Kräften kommen, ganz lässt sich die Gesundheitsschädigung nicht mehr ausgleichen, die sich durch ein trübes Auge, eingefallene Gruben über den Augen, Abmagerung, Gallen, lose Stellung und das Fehlen jugendlichen Feuers oder mindestens durch einzelne dieser Merkmale kennzeichnet ... Es soll deshalb darauf hingewiesen werden, dass auch das rheinisch-deutsche Pferd trotz seiner großen Frühreife einer Frist von mindestens drei Jahren bedarf, um leichterer, und von vier Jahren, um schwerer Arbeit gewachsen zu sein."

In diesem Punkt wurde damals häufig gesündigt.

Nach dem unbeschwerten Lebensabschnitt als Absatzfohlen und Jährling auf der Nachtweide folgte in Kleinbauernbetrieben ein deutlich engerer Kontakt mit dem Menschen während der Aufstallung im Winter. Das Brustblattgeschirr, das schon bald hin und wieder zur Gewöhnung aufgelegt wurde, empfand das junge Pferd kaum als einen besonderen Zwang. Auch die Berührung von Zugtauen oder Ketten an den Hinterbeinen störten es nicht. Ruhiger Umgang schaffte dabei Vertrauen zwischen Pferd und Mensch. Nach und nach wurde das Anschirren zu einem völlig normalen Vorgang.

## Der Ernst des Lebens beginnt

So vorbereitet konnte der „Lehrling" von Zeit zu Zeit neben einem „Lehrmeister" direkt am Wagen angespannt werden. Auch dies war dem Jungpferd aus seinen Kindertagen geläufig. Das Fortbewegen und Ziehen einer Last kam nun neu hinzu. Um hier nichts zu verderben, wurde die Spielwaage so eingestellt, dass das ältere Pferd die Zugarbeit am Wagen übernahm. Die Geräusche des Wagens, der Zug und Druck der Deichsel waren meist nichts Neues. Sollte das junge Pferd trotzdem stehen bleiben oder nach vorn springen, sorgte der ruhige und gleichmäßige Zug des Altpferdes für entsprechenden Ausgleich.

In aller Regel fügten sich die Lehrlinge schnell und schritten mehr oder weniger gelassen neben ihrem Partner her. Aufmunternde Zurufe und der natürliche Vorwärtsdrang führten recht schnell dazu, dass das Jungpferd selbst leicht mitzog. Auch dann sorgte ein erfahrener Fuhrmann noch einige Zeit dafür, dass in kritischen Situationen wie Anziehen der Last oder auch Überwinden kurzer, starker Steigungen die Last notfalls noch vollständig vom Altpferd übernommen wurde. Wenn die Spielwaage freigesetzt wurde, konnte sich das Jungpferd nicht mehr durch einfaches Zurückbleiben vor dem Zug drücken. Dann gab man ihm meist einen längeren Waagarm (S. 89). Damit wurde der Übergang zur losen Anspannung vereinfacht. Ging das Pferd in ruhigem Zug an einer ausgewogenen Spielwaage, könnte man dies als Abschluss der Grundausbildung bezeichnen.

## Ein- oder zweispänniges Einfahren?

Im vorausgehenden Kapitel wurde das allgemein übliche Vorgehen beim Einfahren junger Arbeitspferde zu früherer Zeit beschrieben. Dazu waren ein erfahrener und umsichtiger Bauer und ein gut eingefahrenes Altpferd nötig. Beides war häufig nicht vorhanden, sodass es bei der Ausbildung junger Pferde immer wieder zu unschönen Szenen kommen musste.

Es gab auch andere Methoden, Pferde an die Arbeit zu gewöhnen. Einige Bauern schwörten auf das einspännige Einfahren. Andere spannten das Jungpferd in die Mitte zwischen zwei eingefahrene Pferde. Dies war vor allem auf größeren Gütern üblich. Dazu eigneten sich Feldarbeiten, die mehr Ausdauer als Kraft erforderten, und bei denen absolute

Genauigkeit Nebensache war, wie beispielsweise das Eggen oder Schleppen.

Grundsätzlich ist jedoch das oben beschriebene zweispännige Einfahren auch für die heutige Zeit als erfolgversprechende Methode anzusehen. Wenn bereits das Saugfohlen mitlaufen kann, wann immer sich die Möglichkeit bietet, schafft man die beste Basis für ein unkompliziertes Gewöhnen an die Zugarbeit vor Wagen und Ackergerät.

Manch einer mag die Meinung vertreten, Fohlen seien den Anstrengungen längerer Wegstrecken, vor allem auch auf Straßen, nicht gewachsen. Im osteuropäischen Ausland kann man jedoch das Gegenteil beobachten. Selbst auf langen, endlos erscheinenden Chausseen sieht man beispielsweise in Ungarn Fuhrwerke, bei denen noch recht junge Fohlen neben der Mutter angebunden sind. Meist können sie zwar auf dem grasbewachsenen Randstreifen gehen, müssen ansonsten aber in ruhigem Dauertrab mit der Mutter mithalten. Ihre Besitzer sehen dies als völlig selbstverständlich an.

Man kann sich fragen, ob diese Praktiken die Pferde überanstrengen. In den meisten Reitsportdisziplinen erwarten wir wie selbstverständlich von Jahr zu Jahr bessere Leistungen und honorieren diese mit Anerkennung. Das Pferd jedoch ist ein Lauftier und damit eher für Ausdauerleistungen geschaffen, als für andere Tätigkeiten. Und schließlich beginnt genau hier – schon beim Umgang mit dem Saugfohlen – die Erziehung. Hier werden bereits erste Weichen gestellt, ob aus dem Fohlen später ein aufmüpfiges, schwieriges Pferd oder ein einsatzwilliger, zuverlässiger Arbeitskamerad wird, der bereit ist allein auf Zuruf hin, eine Leistung zu vollbringen, die auch einmal an die Grenze seiner Kräfte gehen kann.

Pferdeerziehung und Ausbildung sollten nicht nur bei einem Arbeitspferd grundsätzlich auf einem Mittelweg bleiben, der falsche Sentimentalität genauso neben sich lässt wie übertriebene Härte und Leistungsvorstellungen.

## Einfluss des Menschen

Der Mensch, der mit dem Tier umgeht, sollte sich genau so verhalten, wie er es auch von seinem Pferd während der Arbeit erwartet. Geduld, Ruhe, Gelassenheit und Konsequenz sind wichtig, nicht nur im Umgangston, sondern vor allem auch in den Bewegungen. Pferde mögen es nicht, wenn in ihrem Umfeld laut geschrien wird. Hektische Bewegungen mit Geschirr und Gerät sollten in Gegenwart junger Pferde grundsätzlich vermieden werden. Ein ganz normales, alltäglich wirkendes Verhalten ist notwendig, um Vertrauen und eine gewisse Selbstverständlichkeit in den Umgang und die Arbeit zu bringen.

Schon beim Aufschirren kann es bei jungen Pferden immer wieder zu etwas unwilligem Verhalten kommen, das man erst einmal übergehen sollte. Natürlich dürfen solche kleinen Widersetzlichkeiten nicht dazu führen, die Autorität des Pferdehalters oder -pflegers zu untergraben. Sonst muss konsequent eingegriffen werden, zumindest ein hart gesprochenes Wort kann nötig sein. Fast alle Pferde, die ihren Herrn im gelassenen Umgang kennen, empfinden ein lautes Wort schon als Bestrafung und reagieren entsprechend. Vor allem auf ein Arbeitspferd sollte man jedoch auch nicht ohne Unterlass einreden. Es verliert sonst die Aufmerksamkeit und Sensibilität für das Wort. Beim Arbeiten braucht man aber ein aufmerksames Pferd, das auf jedes Kommando hört.

Heutzutage ist es eher etwas Besonderes, ein Pferd zu Arbeitszwecken einzusetzen. Dies kommt auch im Verhalten des Menschen zum Ausdruck, der sich diese Aufgabe zum ersten Mal vornimmt. Pferde registrieren kleinste

Eine Verlängerung der normalen Fahrleinen wird nötig, wenn man bequem hinter der Egge gehen will.

Ein Gespann geht an der Drillmaschine, das zweite eggt die Saat ein – und bei allem lernt das Fohlen Tag für Tag dazu.

Verhaltensänderungen und Gefühlsschwankungen der Personen, mit denen sie täglich Kontakt haben. Sie spüren vor allem Angst und Unsicherheit. Da jedoch ungeübte Pferde selbst unsicher im Umgang und bei der Arbeit sind, benötigen sie den Halt ihres Herrn. Deshalb sollte man ruhig und bestimmt mit ihnen umgehen, erst recht in unbekannten Situationen. Das Pferd muss den Eindruck gewinnen, dass die neuen Aufgaben etwas völlig Normales sind und kein Grund zur Beunruhigung besteht. Voraussetzung dafür ist das Vertrauen des Pferdes gegenüber seinem Herrn.

### Veranlagung des Pferdes

Bei Pferden, die man nicht selbst aufgezogen hat, ist es nicht leicht zu beurteilen, ob sie sich für den landwirtschaftlichen Einsatz eignen. Charakter und Eigenarten des Tieres lernt man erst im Laufe der Zeit durch intensiven Umgang kennen. Ein Pferd mit schwachen Nerven, das schreckhaft und stark nach hinten orientiert ist, eignet sich nicht besonders zum Arbeitspferd. Die Veranlagung für ein gutes Fahr- und Arbeitspferd, die bis vor wenigen Jahrzehnten in fast allen Zuchtprogrammen zumindest mitberücksichtigt wurde, haben heute selbst bei Arbeitspferdeschlägen kaum noch Gewicht.

Erst in jüngster Zeit sind in manchen Stammbüchern auch für Stuten wieder Zugeignungsprüfungen aufgenommen worden. So hat man es heute oft etwas schwer mit Pferden unserer modernen Rassen, aus ihnen verlässliche Arbeitspferde zu machen. Stammt das Pferd nicht aus eigener Aufzucht und steht kein Altpferd zur Verfügung, kann dies eine langwierige und schwierige Aufgabe sein. Bei Pferden, die im normalen Umgang oder auch unter dem Reiter die oben beschriebenen, für ein Arbeitspferd eher nachteiligen Eigenschaften zeigen, sollte man sich überlegen, ob die aufgebrachte Mühe jemals zum Ziel führen wird.

Hat man dagegen ein ruhiges und vertrauensvolles Pferd, das nicht übermäßig nervig ist, kann man optimistisch sein und unter Berücksichtigung der beschriebenen Verhaltensgrundsätze die Ausbildung angehen.

## Einzelausbildung

Die Grundausbildung eines zumindest dreijährigen Pferdes, das noch keinerlei Bekanntschaft mit Geschirr, Wagen oder Gerät gemacht hat, entspricht in der Vorgehensweise der Ausbildung zu einem Kutschpferd, wie sie in vielen Fahrlehren dargestellt wird. Die dort vermittelten Ausbildungsschritte basieren größtenteils auf der Fahrlehre des Benno von Achenbach. Um die Jahrhundertwende entstanden seine Grundsätze zum Ausbilden von Fahrern und Pferden. Er versuchte damit, die Missstände in Fuhrgewerbe und Landwirtschaft zu beseitigen. Wenn das Pferd an ein einfaches Brustblattgeschirr gewöhnt ist, folgt die Arbeit an der Doppellonge, bei der es Bekanntschaft mit den Zugsträngen macht. Nun ist unbedingter Gehorsam erforderlich. Danach folgt die Schlepparbeit: Ein einfacher Zugschlitten, Baumstamm oder Reifen wird gezogen.

Äußerste Vorsicht ist dabei geboten: Die Pferde können sich abrupt umdrehen, treten dabei über die Stränge oder nehmen den zu ziehenden Gegenstand mit ihrer Hinterhand mit. Man muss damit rechnen, dass sie dann in Panik geraten und möglicherweise auch durchgehen könnten. Daher sollte man mindestens zwei erfahrene und kräftige Leute bei jedem Trainingsschritt zur Hilfe haben.

Beim Schleppen wird das Pferd an den Zug gewöhnt. Dabei wird mit leichten Gewichten begonnen. Erst wenn das Pferd diese sicher und vor allem in ruhiger Manier anzieht, kann man das Gewicht erhöhen. Das Pferd muss vor allem in der Einzelausbildung allmählich Vertrauen zu seiner Kraft bekommen. Zieht es auch bei wechselnden Zugwiderständen sicher an, kann der nächste Schritt beginnen.

**Zusammenfassung Einzelausbildung**

- Bei der Einzelausbildung wäre der konventionelle Weg: Gewöhnung an Geschirr – Doppellongenarbeit – Schleppe – Scherenanspannung im Schlitten – Scherenanspannung in der Kutsche oder im leichten Ackerwagen. Je nach Rasse und Temperament können auch Teilbereiche wegfallen oder direkt durch entsprechende Feldarbeiten ersetzt werden (Eggenarbeit, Wiesenschleppe). Während der Ausbildung sollte erst dann zum nächsten Schritt übergegangen werden. wenn der letzte mit gelassener Selbstverständlichkeit hingenommen wird.
- In Bezug auf Zuglasten darf man junge Pferde keinesfalls überanstrengen. Ältere Pferde, die mit ihrer Bezugsperson schon viel erlebt haben und ihr vertrauen, lassen sich oft auch gut im Einspänner anlernen.

## Gewöhnung an Deichsel und Schere

Bei misstrauischen Pferden ist es günstig, sie zuerst an ihrem vertrauten Stallplatz an die neuen Lektionen zu gewöhnen. Eine stabile Fichtenstange wird an Wand oder Trog angehängt oder aufgelegt. Dazu muss das Pferd natürlich angebunden werden. Nach anfänglichem argwöhnischen Beäugen wird das Holz bald nicht mehr besonders beachtet. Wenn es die einzelne Stange auf beiden Seiten akzeptiert, wird eine zweite so dazugelegt, dass das Pferd schon fast in einer behelfsmäßigen Schere steht. Im nächsten Schritt wird ein Brett hinten auf den Stangen befestigt. Vorn werden sie im nun aufgelegten Sellett eingeschnallt. Ist das Pferd unsicher, bindet man die Stangen an die Trageösen. Hinten wird die Behelfsschere durch ein Seil, das an der Stalldecke befestigt wird, etwas hochgezogen. Diese vielleicht etwas seltsam aussehende Konstruktion kann im Vorbeigehen auch zum Pendeln gebracht werden. Damit ahmt man das Berühren der Wagenschere am Pferdebauch nach, das vor allem in Wendungen vorkommt.

Diese Vorgehensweise mag kompliziert und aufwendig erscheinen. Aber gerade diese Kleinigkeiten müssen für das Pferd völlig normal und selbstverständlich werden. Vor allem zur Futterzeit wird sich das Pferd für ganz andere Dinge interessieren als für die baumelnden Hölzer. So wird selbst ein äußerst argwöhnisches Tier die neue Ausrüstung schnell akzeptieren.

Es mag sicherlich auch Pferde geben, die man ohne lange Vorbereitung in die Schere stellen und anziehen lassen kann, vor allem, wenn schon die Eltern, Großeltern und Urgroßeltern nichts anderes gemacht haben als Zugarbeit zu leisten. Dann steckt es dem Dreijährigen im Blut. Dieser enorme Einfluss auf Fahr- oder Zugeignung wird viel zu stark unterschätzt.

Im Zweifelsfall sollte man jedoch lieber den sicheren Weg gehen. Damit werden Pferd und Halter unangenehme Erlebnisse erspart, die möglicherweise beide verderben. Die meisten Pferde, die auf vorsichtige Weise die Schere kennen gelernt haben, lassen sich später mit schon fast gelangweiltem Blick vor den Wagen spannen. Jetzt kommt jedoch noch das Fahrgeräusch des Wagens dazu. Man kann das Pferd auch darauf vorbereiten, indem man den Wagen von Hand auf dem Hof hin und her schiebt und das Pferd daneben am Zügel führt. Doch inzwischen sollte man den Charakter und Ausbildungsstand seines Pferdes so gut kennen, dass man weiß, wann es Zeit für die entscheidende Phase ist.

## Zweispännige Lektionen

Spätestens jetzt erkennt man, wie wertvoll es ist, ein unbedarftes Pferd mithilfe eines Altpferdes anzulernen. Wenn möglich, sollte im Zweispänner begonnen werden. Erst wenn der Lehrling hier sicher ist, kann man auf einspänniges Fahren übergehen. Auch dabei ist Vorsicht geboten, da viele Pferde, die plötzlich mit derselben Aufgabe auf sich alleine gestellt sind, vollkommen unerwartet reagieren können.

Vorerst lässt man das junge Pferd im Zweispänner am Wagen oder auch an Feldgeräten wie Egge oder Schleppe arbeiten, bis sich eine gelassene und gleichbleibende Zugmanier eingestellt hat. Ein gelangweilt erscheinender Blick, vor allem beim Warten vor Wagen oder Gerät, ist das beste Zeichen dafür, dass die Arbeit in Fleisch und Blut übergegangen ist. Das junge Pferd soll nicht müde gearbeitet werden, sondern durch möglichst tägliches Anspannen Routine in seinen Aufgaben bekommen.

Wenn das Pferd auch bei wechselnden Zugwiderständen, beim wiederholten Anziehen und vor allem in Kurven und scharfen Wendungen stetig und ruhig zieht, hat es so viel Vertrauen in seine Kraft gewonnen, dass man bedenkenlos mit der Einspännerarbeit beginnen kann. Darin liegt meiner Ansicht nach die Kunst des Einfahrens: das Selbstbewusstsein des Pferdes auf schonende Weise so weit zu fördern, dass es schließlich von sich aus ziehen will.

## Bedeutung der Kommandos

Die klaren und konsequenten Kommandos muss es nun problemlos befolgen. Meist werden Ausdrücke verwendet, die in der jeweiligen Region üblich sind – nicht aus nostalgischen Gründen, sondern weil sich diese Kommandos während der Arbeit mit Pferden über Jahrzehnte oder gar Jahrhunderte bewährt haben. Zum Anfahren reicht ein aufmunterndes „Komm". „Hüh" bedeutet anhalten. Links gehen heißt „Haa", rechts gehen „Hott". Auf „Zurück" muss das Pferd zurücktreten. Diese Ausdrücke sind für das Pferd sehr gut zu unterscheiden. Sie können auch gut miteinander kombiniert werden, was die Pferde erstaunlich schnell verstehen. So bedeutet ein „Hüh hott" auf der Stelle rechts drehen. Beim Wenden des Pfluges oder auch beim Rückwärtsfahren vom Bock aus wird dieses Kommando gebraucht. Auf „Komm hott" dagegen soll das Pferd die Wendung in der Bewegung durchführen.

„Hüh" als unbedingtes Kommando zum Anhalten hat laut gerufen eine recht eindringliche Wirkung, die auch auf gewisse Entfernung, wie beispielsweise bei der Waldarbeit, das Pferd reagieren lässt. Im Umgang mit dem Pferd macht bei der Sprache vor allem der „Ton die Musik". Kommandos können ruhig, besänftigend oder auch forsch und anspornend gegeben werden. Das Belohnen und Beruhigen mit der Sprache ist wichtig und unerlässlich. Ein Pferd, das wie verlangt seine Arbeit verrichtet, braucht keinen ununterbrochenen Zuspruch. Ein kurzes, deutlich gesprochenes Lob nach einer guten Leistung kommt bei ihm dann umso besser an. In kritischen Situationen jedoch braucht das Pferd den Zuspruch des Herrn mit fester Stimme, denn nur so kann dem ängstlichen Tier Sicherheit gegeben werden.

Gerade beim Einstudieren der Kommandos machen sich die individuelle Intelligenz und Lernfähigkeit der Pferde bemerkbar. Auch hier leistet ein geübtes Altpferd fast unersetzliche Hilfe. Das Nachahmen seiner Reaktionen auf die Kommandos erleichtert dem jungen Pferd das Verständnis enorm.

Die Kommandos müssen absolut konsequent ausgeführt werden. „Hüh" heißt halt, ohne ein Schrittchen vor- oder zurück. Alter und Ausbildungsgrad des Tieres müssen natür-

Der Bauernhof – das ideale Umfeld, um ein nervenstarkes Arbeitspferd heranwachsen zu lassen.

lich berücksichtigt werden. Trotzdem muss dem Pferd unmissverständlich klargemacht werden, was verlangt wird. Notfalls wird das Kommando durch einen sanften Ruck am Zügel unterstützt. Folgt die gewünschte Reaktion, so darf ein beruhigendes Wort als Belohnung nicht fehlen. Je sicherer die Kommandos befolgt werden, umso freier und kameradschaftlicher kann sich während der weiteren Ausbildung und dem späteren Arbeiten das Verhältnis zwischen Fuhrmann und Pferd entwickeln. Nur so kann ein Team entstehen, in dem beide sich aufeinander verlassen können. Die Arbeit wird damit ungemein erleichtert.

**Zusammenfassung Kommandos**

- Das junge Pferd lernt in der Zweispännerarbeit die Stimmkommandos im Zusammenhang mit der geforderten Arbeit. Damit ist die Basis für eine optimale Verständigung in den unterschiedlichen Situationen bei der Zugarbeit geschaffen.
- Einige Pferde tun sich etwas schwer damit, die dicht am Körper anliegenden Scherbäume zu akzeptieren. Die Berührungen an der Hinterhand in Wendungen können sensiblen Pferden anfangs Probleme bereiten. Als schrittweise Vorbereitung und „Trockenübung" kann die Gewöhnung an die Schere im Stall während der Futterzeiten begonnen werden. Dazu muss das Pferd natürlich angebunden werden.

## Umstellung auf einspänniges Arbeiten

Im Laufe der Ausbildung kann während einer normalen zweispännigen Lastfahrt mit geringer Beladung das Altpferd unterwegs auch aus dem Zug gehängt werden. Die Spielwaage wird mit einer Kette festgestellt. Das Jungpferd zieht jetzt allein. Die meisten Pferde nehmen dies ohne Probleme an. Dem Anfänger fällt beim Anziehen der harte Widerstand der Last sicherlich auf, der ja bei der losen Waage nicht auftritt. Während der weiteren Fahrt kann auch die Steuerkette des Altpferdes von der Deichsel gelöst werden. Die Kreuzleine wird abgezogen, das Jungpferd bekommt eine stabile Einspännerleine. Auch sein Ortscheit wird in einem dafür vorgesehenen Haken zur Wagenmitte hin eingehängt, um den Seitenzug der Deichselspitze zu mildern.

Ein Helfer führt das Lehrpferd noch einige Zeit neben dem jungen Pferd her, während dies alleine den Wagen zieht und lenkt. Gewöhnlich wird es sich dabei kaum aufregen. Kommt es doch vor, kehrt schnell wieder Ruhe ein, solange das Altpferd in der Nähe bleibt. Nach und nach wird das Lehrpferd immer weiter weggeführt, sodass es schließlich nur noch neben, vor oder auch hinter der Fuhre geht. Selbst dann beruhigt die Anwesenheit des Altpferdes das junge Pferd noch.

Als nächster Schritt wird einspännig mit immer nur mäßiger Last gefahren. Anfangs kann man das Altpferd noch hinten am Wagen anbinden. Vorsicht, dies lassen nicht alle Pferde ohne Weiteres mit sich machen. Die einspännige Fahrweise an der Deichsel ist bei uns selten. Übergangsweise kann man sie durchaus akzeptieren, vor allem in flachem Gelände. Im Osten Europas gehen dagegen Tausende von Pferden in dieser Anspannung.

Die Umstellung auf die Schere fällt den Pferden erfahrungsgemäß erst recht nicht schwer, wenn sie diese als beidseitige Begrenzung schon kennen gelernt haben (S. 102). Das Pferd sollte nun ein- und zweispännig in selbstbewusster, gelassener Manier auch schwerere Lasten anziehen und in Bewegung halten. Es akzeptiert die Grenzen, die der Mensch ihm setzt, wie beispielsweise den gebremsten Wagen, der zum Beladen abgestellt ist und den es nicht ohne Aufforderung anziehen darf. Die gesamte Zugarbeit, vom Aufschirren bis zum Abschirren, sollte selbstverständlich und alltäglich geworden sein. Nun hat man eine gute Basis geschaffen, um das Pferd in weiteren Arbeiten an den bäuerlichen Geräten anzulernen.

**Zusammenfassung Einspänniges Arbeiten**

Mit Hilfe eines „Lehrmeisters“ ist die Ausbildung eines Jungpferdes im Zweispänner ideal. Nicht selbstverständlich ist jedoch, dass dieses Pferd dann auch alleine geht. Allmählich kann das Altpferd während der Arbeitsfahrt abgespannt und nebenher geführt werden. Das Jungpferd zieht und lenkt alleine, hat aber Sicherheit durch die Anwesenheit des Freundes. Vor allem auf bekannten Strecken kann dann der Lehrmeister bald zu Hause bleiben. Dann sollte zur vollständigen Gewöhnung eine Weile nur einspännig gearbeitet werden.

## Einschätzung von Zugwiderständen

Zugwiderstände richtig einzuschätzen gehört zum Handwerkszeug des Fuhrmannes. Die Fahrbahnverhältnisse spielen hier natürlich eine große Rolle. Loser Acker oder Sand in der Ebene kann bezüglich des Zugkraftbedarfs durchaus mit einer 7 bis 10 %igen Steigung auf einer asphaltierten Straße verglichen werden. Als kleine Hilfe kann man sich die Grundsätze von Reibungswiderständen zum Beispiel beim Fahrradfahren auf unterschiedlichem Gelände klarmachen. Man muss für die Arbeit mit Pferden sicherlich nicht für jeden Weg den Reibungskoeffizienten neu definieren. Mit gesundem Menschenverstand sollte man durchaus in der Lage sein, unterschiedliche Wegeverhältnisse bezüglich der Zumutbarkeit für die Pferde beurteilen zu können.

Eine weitere Rolle spielen das Gewicht der Tiere und das Leergewicht des Wagens. Das Gewicht der Zuladung sollte zumindest ungefähr bekannt sein. Hat man davon überhaupt keine Vorstellung, muss mit kleinen Lasten begonnen werden. Aus dem Zugverhalten der Pferde wird man schnell schließen können, ob mehr aufgeladen werden kann oder nicht. Denn wer hat schon das Glück, eine Waage in Stallnähe zu haben. Gerade in diesem Punkt ist die Erfahrung alter, vernünftiger Fuhrleute für jeden Anfänger sehr wertvoll. Ansonsten müssen die Pferde bei der Arbeit intensiv beobachtet werden. Neben der Zugmanier verrät vor allem die Atemfrequenz, wie groß die Anstrengung tatsächlich ist. Besonders bei jüngeren oder unerfahrenen Pferden sollte man sichergehen und sparsamer zuladen. Das Vertrauen der Tiere in ihre Kraft darf nicht durch Überanstrengung, möglicherweise noch aus falschem Stolz, gebrochen werden.

Im steilen Gelände oder bei extrem ungünstigen Bodenverhältnissen, wie beispielsweise losem Sand, tiefem Acker oder Matsch, kann das Pferd nur noch das einfache Körpergewicht fortbewegen. Bei guten Bodenverhältnissen in hügeligem Gelände oder auf schlechter Fahrbahn in der Ebene ist das zweifache Pferde- oder Gespanngewicht noch zumutbar, auf ebenen und guten Straßen das dreifache. Gemeint ist damit jeweils die Bruttolast, also Wagen und Ladung.

Berücksichtigen muss man dabei, dass das Gewicht eines Pferdes nur einen kleineren

Auch muss man bei der Einschätzung der Last immer vom schlechtesten Wegstück ausgehen. Wer mit seinem Pferd immer wieder bis an die Grenzen der Kraftreserven geht, verdirbt mit der Zeit auch das willigste Tier. Andererseits schadet es nicht, die Zugpferde gelegentlich auch einmal zu fordern. Dies muss nur in einem zumutbaren Rahmen geschehen und mit deutlichem Lob belohnt werden. Gerade eine besondere Leistung, die entsprechend honoriert wird, macht ein Pferd umso stärker und ehrgeiziger.

Hier geht es um wichtige Entscheidungen zur Saatbeetbereitung für das Kartoffelsetzen. Dass dieses Thema „Herkules" nur wenig interessiert, zeigt er deutlich.

Anhaltspunkt für seine Kraft darstellt. Ein leichteres Pferd kann sein geringes Körpergewicht gegenüber seinem schwereren Gespannpartner durch bessere Zugtechnik oder größere Willensstärke ausgleichen. Dass Alter und Trainingszustand eine entscheidende Rolle spielen, versteht sich von selbst.

Bei der Arbeit mit Pferden ist falscher Stolz nicht angebracht. Vernunft und objektive Beurteilung stehen an oberster Stelle. Wer meint, seine unangemessenen Leistungsanforderungen möglicherweise noch mit Schlägen durchzusetzen, hat von dem, was man heute gerne als Horsemanship bezeichnet, gar nichts verstanden. Für einen solchen Herrn würde kein Pferd seine letzten Kräfte aus freiem Willen geben, um im Ernstfall auch mal „eine Karre aus dem Dreck zu ziehen".

Was Pferden beim Fahren mit Arbeitswagen unter verschiedenen Bedingungen zuzumuten ist, kann man in etwa einschätzen. Bei den unterschiedlichen Feldgeräten liegen jedoch ganz andere Bedingungen vor. Die Hersteller alter Feldgeräte hatten große Erfahrung in Bezug auf die Zugwiderstände ihrer Geräte. Ihr Gewicht und vor allem ihre Arbeitsbreite waren zu berücksichtigen. Man wusste, für welche Abmessung oder für welchen Typ ein, zwei oder mehr Pferde nötig waren. Echte Pferdekenner der damaligen Zeit hatten auch kein Problem damit, vom Exterieur des Pferdes auf seine Einsatzmöglichkeiten zu schließen. Bauern und Fuhrleute, die mit vielen verschiedenen Pferden Erfahrung hatten, wussten, was man dem Einspänner mit etwa 800 kg Körpergewicht zumuten konnte. Der leichtere Warmblüter mit 400–500 kg wurde dagegen als „nettes Zweispännerpferdchen" bezeichnet.

## Ausbildung von Pferden an Feldgeräten damals ...

Gerade das Frühjahr eignete sich auf den Höfen am besten dafür, mit der Ausbildung an Maschinen und Geräten zu beginnen. Die Bauern gingen dabei nicht nach einem festen Plan vor. Naturgemäß war ganz einfach der Arbeitsbedarf vorhanden. Je nach Gegend begann ab Anfang März die Frühjahrsbestellung. Wiesen und Weiden wurden häufig schon früher abgeschleppt. Gerade diese ersten Frühjahrsarbeiten wie Schleppen und Eggen sind Arbeiten, bei denen absolute Genauigkeit nicht die Hauptrolle spielt. Es waren kaum knappe Wendungen am Feldrand nötig, die vor allem ungeübte Pferde überfordern konnten. Die möglicherweise noch verspannten Pferde hatten ausreichend Gelegenheit, sich bei mäßigem Zug über eine längere

Zeit zu beruhigen. Noch wenig trainierte Pferde wurden bei dieser Arbeit relativ schnell müde. Und gerade in diesen Momenten erzielte man doch die besten Lernerfolge.

Je nach Betriebsgröße konnte es vorkommen, dass die Jungpferde tagelang zum Schleppen und Eggen herangezogen wurden. Ihre Kondition wuchs und damit auch der Gleichmut, mit dem sie den Arbeitsalltag ertrugen. Der umsichtige Bauer oder Fuhrmann gebrauchte auch bei diesen noch recht groben Arbeiten konsequent die bereits gelernten Kommandos, um Wendungen zu fahren oder um anzuhalten. Die Jungpferde wuchsen allmählich in ihre Aufgaben hinein. Heute ist das leider selten der Fall, wo eine Fahrausbildung in einen zeitlichen Rahmen gepresst wird und man sich oft nicht die nötige Zeit nimmt. Dauerhafter Erfolg braucht Monate, wenn nicht sogar Jahre langsamer Aufbauarbeit.

Im Laufe der Frühjahrsbestellung kamen dann auch Geräte mit fester Anspannung wie Ringelwalze, Glattwalze, Vielfachgerät und Kalkstreuer zum Einsatz. Je nach Betrieb war das Jungpferd bisher nur zwei- oder mehrspännig gegangen. Mit diesen Geräten konnte man das Pferd an die Schere gewöhnen.

Gehorsam und Aufmerksamkeit sind schon eher gefordert, um Bahn an Bahn ein Feld zu walzen oder mit dem Vielfachgerät schnurgerade Reihen zu ziehen. Am Anfang wurde das Pferd daher vom Fuhrmann oder einem Helfer am Kopf geführt. Bei den anschließenden Hackarbeiten musste das Pferd die Pflanzreihen genau einhalten und die Kommandos schon gut beherrschen. Dies setzte schon einen hohen Ausbildungsstand voraus. Wenn das Pferd noch zu unsicher war, griff man oft auf das routinierte Altpferd zurück. Die Kulturen waren doch zu wertvoll zum Üben.

Stand nur das Jungpferd zur Verfügung, wurde es geführt. Arbeitskräfte waren damals meist genug vorhanden. Auf manchen Höfen ging man gelegentlich zu dritt zum Säen mit der Drillmaschine. Einer lenkte das Pferd, einer die Maschine, der Dritte kontrollierte die Särohre. Pferde, die bei solchen Arbeiten ständig geführt wurden, konnten jedoch nie den Ausbildungsgrad und die Selbstständigkeit erlangen, die das wirkliche Ziel sein sollten. Gerade in diesem Punkt unterscheidet sich der „Pferdebauer" mit Leib und Seele von dem, der das Pferd notgedrungen als Zugkraft einsetzte und für eine Ausbildung zum selbstständigen Arbeitspartner nicht die nötige Geduld und das Geschick aufbrachte.

## ... und heute

Am jahreszeitlichen Ablauf der bäuerlichen Feldarbeiten hat sich nichts geändert. Für jeden, der mit Pferden arbeiten will, bietet sich das traditionelle Vorgehen bei der Pferdeausbildung an.

### Arbeit mit der Ackerschleppe

Das Abschleppen der Wiesen und Äcker mit Ringen oder Balkenschleppen ist eine gute Übung, die ein- oder zweispännig keine allzu großen Ansprüche stellt. Das Jungpferd kann allerdings durch das noch unbekannte harte Streifen der Zugketten oder Stränge an den Hinterbeinen bei Kurven und Wendungen beunruhigt werden. Beim Übertreten ist Vorsicht geboten, auch erfahrene Pferde mögen es oft nicht, wenn ein Zugstrang zwischen die Hinterbeine gerät. Deshalb sollten große Wendungen gefahren und Stranghalter benutzt werden. Sind die Stränge locker, werden sie durch diese Riemen hinten hochgehalten, vor allem bei engen Wendungen.

Nach und nach muss jedoch jedes Arbeitspferd lernen, auch dies zu akzeptieren. Selbst wenn das Pferd unbemerkt übertritt und anzieht, sollte das unangenehme Scheuern an der Innenseite eines Hinterbeins keine Panik hervorrufen. Mit kontinuierlichem Arbeitspensum wächst die Gleichgültigkeit und Ruhe des

Pferdes auch in solchen Situationen. Trotzdem sollten Ortscheite und ordnungsgemäßer Verlauf der Zugstränge nach jeder Wendung geprüft werden, vor allem bei Arbeiten, die am Feldende direkte Kehrtwendungen verlangen. Jede Richtungsänderung wird konsequent mit den entsprechenden Kommandos unterstützt, selbst wenn beim Schleppen oder Eggen auch die reinen Leinenhilfen genügen würden.

**Zusammenfassung Ackerschleppe**

- Die Arbeit mit der Ackerschleppe ist „Anfängerarbeit" für Pferd und Fuhrmann. Das Gerät ist leicht zu beschaffen oder selbst herzustellen. Sein Einsatz stellt nur geringe Ansprüche an Mensch und Tier. Im ruhigen Zug erzielt man optimalen Trainingseffekt. Diese Arbeit fällt außerdem bei jedem Pferdehalter mit eigenen Flächen sowieso an.
- Misstrauische und völlig unvorbereitete Pferde drehen sich gerne zu dem Gerät um, um zu sehen, womit sie hier zu tun haben. Das kann auch bei der Schleppenarbeit fatale Folgen haben. Am Anfang sollte man daher zur Sicherheit einen Helfer mitnehmen.

## Arbeit mit dem Grubber

Sobald die Äcker im Frühjahr einen weißen Überzug haben, beginnt die eigentliche Feldbestellung. Der abgeschleppte Acker wird mit dem Grubber aufgerissen und gelockert. Dies ist eine äußerst anstrengende Arbeit, deshalb sollte er nicht zu tief eingestellt werden. Vor allem auf lehmigem, festgeregneten Boden zeigt der Grubber ein fast rupfendes Verhalten. Erst krallt er sich mit seinen Federzinken in den Schollen fest, dann schnellt er wieder vor, um an einer anderen Stelle wieder einzuhaken. Dieses Rupfen überträgt sich auch auf die Vorderhand des Pferdes und kann zur Folge haben, dass es ein recht unausgeglichenes Tempo geht. Das ist wiederum ein deutliches Zeichen dafür, dass das Gerät entweder zu tief eingestellt oder für das Gespann zu groß ist.

Sieben Zinken für den kräftigen Einspänner und neun Zinken für einen Kaltblutzweispänner sind in vielen Gegenden das Richtmaß. Für mittelschwere und leichtere Pferde sowie Kühe gab es fünfzinkige Grubber. Um ein mittelschweres Kaltblut trotz guten Trainingszustandes bei dieser Arbeit auf Dauer nicht zu stark zu belasten, mag der fünfzinkige Grubber ausreichen.

Ponykreuzung und Kaltblüter bei der Herbstfurche. Sind auch Farbe und Kaliber sehr unterschiedlich, so ist die Harmonie im Zug trotzdem hervorragend.

Den siebenzinkigen Grubber kann auch ein Warmblutgespann gut bewältigen.

**Zusammenfassung Grubber**

Die Grubberarbeit stellt an das Können des Pferdes oder Gespanns noch keine besonderen Ansprüche. Allerdings ist sie vor allem im Frühjahr und beim Stoppelgrubbern eine kräftezehrende und auch unangenehme Arbeit. Dies darf man nicht unterschätzen, besonders im Hinblick auf die Ausbildung eines noch jungen Pferdes. Bei der Bespannung vor dem Grubber sollte man daher eher etwas großzügiger sein.

Wenn unbearbeitetes, vor dem Winter gepflügtes Ackerland bearbeitet werden soll, empfiehlt es sich, den Grubber flacher einzustellen und auf der Rückfahrt die gleiche Spur tiefer zu lockern (S. 54). Durch das lenkbare Laufrad bzw. den Vorderwagen kann man äußerst scharfe Kehrtwendungen fahren. Aufmerksame Pferde beginnen jetzt damit, den Boden unter sich zu differenzieren. Sie bevorzugen den vom Grubber schon etwas geebneten Feldteil, der dunkler ist als das noch unbearbeitete, raue Ackerland. Beim Einspänner muss man das Pferd oft gegen seinen Willen beim erneuten Einbrechen auf das unbearbeitete Land lenken. Die Kommandos und der Stimmfall werden inzwischen aber besser wahrgenommen. Bei einem drohend gesprochenen Haa oder Hot wird das Pferd manchmal recht schnell die gewünschte Richtung wieder einschlagen. Aber noch hat man ja die Leinen in beiden Händen und kann damit die Kommandos unterstützen.

## Eggen

Dem Aufbrechen und Lockern der Winterfurche folgt der Eggenstrich. Hier gilt die alte Faustregel: ein Pferd pro Meter Arbeitsbreite. Trotzdem muss man seine Geräte selbst beurteilen und auf das Pferd oder Gespann gesondert abstimmen. Die Eggenarbeit ist im ersten Moment für Pferde recht angenehm. Die Egge zieht sich ruhig, es gibt kein Ruckeln wie beim Grubber. Die Wendungen sind meist groß, und das Pferd muss nicht auf der Stelle drehen. Allerdings fallen dadurch auch die kleinen Verschnaufpausen aus, die den Pferden immer wieder neue Kraft geben.

Deshalb muss gerade beim Eggen regelmäßig die Atemfrequenz und der Allgemeinzustand der Tiere überprüft werden, damit sie

Das Überkreuzeggen, bei länglichen Feldern eine sehr wirkungsvolle Alternative.

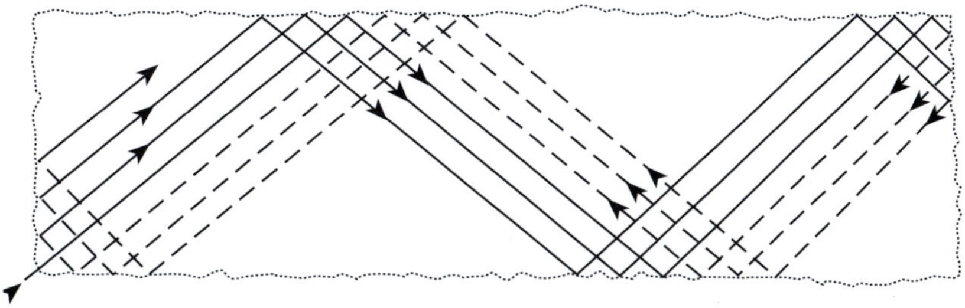

Arbeit mit dem Grubber. Die Federzinken krallen sich regelrecht in den Boden.

nicht überfordert werden. Zugwillige Pferde würden vor der Egge nahezu bis zum Umfallen gehen. Da auch der Eggenstrich nicht immer sehr deutlich hervortritt, ist man veranlasst, immer weiter zu eggen, um endlich den gewünschten Zustand zu erhalten. Wenn man selbst gut zu Fuß ist, verliert man schnell den Blick für die Reserven auch eines konditionsstarken Tieres. Eggen ist jedoch mit Sicherheit eine Feldarbeit, die ein etwas übermütiges Pferd zur Ruhe kommen lässt. (Zur Technik des Eggens mit ihren verschiedenen Gerätearten siehe das Kapitel ab S. 49).

**Zusammenfassung Eggen**

- Eggenarbeit ist ähnlich wie die Arbeit mit der Schleppe zwar eine gute Übung, jedoch darf man die Beanspruchung nicht unterschätzen.
- Verletzungsgefahr kann bestehen, wenn die Pferde aus Versehen zurücktreten. In zu engen Wendungen können sich Eggenfelder verhaken, gegeneinander hochstellen und sogar umkippen.
- Die Egge arbeitet nur dann wirklich wirkungsvoll, wenn die hebenden Kräfte der Zugtiere durch ausreichend Abstand zum Gerät ausgeschaltet sind.

## Walzen

Bleibt der Acker trotz Egge klumpig, muss die Cambridgewalze angespannt werden. Sie kann mit ihrer Breite von 1,20 bis 1,50 m einspännig in Scherenanspannung bewältigt werden. Bei breiterer Abmessung sind zwei Pferde nötig. Auch die Glattwalze eignet sich für diese Aufgaben, ihre zerkleinernde Wirkung ist allerdings mit der der Cambridgewalze nicht zu vergleichen. Für das Walzen braucht man Pferde, die keinerlei Scheu gegenüber Geräuschen von hinten zeigen. Vor allem auf steinigen Feldwegen verursachen sie einen derartigen Lärm, dass das Pferd normale Kommandos von hinten kaum mehr hören kann. Bei einem noch unerfahrenen Pferd sollte man daher vorsichtig sein. Um es an diese Aufgabe zu gewöhnen, führt man es vor der Walze her, während diese vom Altpferd gezogen wird.

Nach ausreichender Arbeit mit der Egge kann man später umspannen.

## Säen

Der Acker ist nun saatfertig. Mit der Drillmaschine werden die Körner in die Erde gebracht. Auch hier gilt: ein Meter Arbeitsbreite pro Pferd. Allerdings kann auf ebenem Terrain ein starkes Pferd auch eine 2-Meter-Maschine einige Zeit ziehen. Die Pferde sollten in möglichst ruhigem und geradem Zug gehen. Die Feinlenkung übernimmt der Fuhrmann von hinten. Ist ein Jungpferd dabei, übernimmt ein zweiter Mann das Lenken der Pferde. Vor allem die Wendungen an den Kopfenden müssen präzise durchgeführt werden, um sauber Bahn an Bahn zu säen.

Bei der losen Anspannung ohne Deichsel oder Schere besteht die Gefahr, dass die

Maschine beim Wenden den Pferden in die Sprunggelenke läuft. In Hanglagen sollte man daher immer unten beginnen und quer zum Hang drillen. Die Wendungen erfolgen dann immer nach oben.

Drillt man allein, muss das Pferd schon einigermaßen geübt sein. Die Kommandos, die besonders beim Wenden wichtig sind, sollte es möglichst gut befolgen. Ein ruhiger, fleißiger Schritt ist außerdem wichtig. Bei dieser Arbeit ist nichts schlimmer als wenn ein Pferd vor der Drillmaschine hin- und herzuckelt und sich treiben lässt. Allein ist man oft machtlos. Die Pferde merken dies schnell, nutzen die Situation aus und gehen rechts, gehen links, bleiben manchmal stehen oder ziehen plötzlich äußerst zügig an. Krumme Reihen und „Hasenläufe“ sind dann das Ergebnis. Deswegen ist auch hier das selbstständige Mitarbeiten eines arbeitswilligen Pferdes sehr wertvoll.

**Zusammenfassung Säen**

- Möchte man noch von Hand säen, erreicht man im Bogenwurf auf einem Fuß etwa 5 bis 6 m Wurfbreite. Am Feldende kann man sich durch Umstecken eines Stöckchens orientieren.
- Beim Drillen mit der Maschine sollte man zumindest am Anfang immer zu zweit arbeiten. Vor allem bei den Wendungen sind Geschick und Übung wichtig, um die passende Ausgangsstellung für die nächste Reihe zu erreichen.
- Bei Hanglagen sollte man unbedingt unten beginnen, um gegen den Berg wenden zu können. So vermeidet man, dass die Drillmaschine bei ausgehobenen Drillscharen den Pferden in die Beine laufen kann.
- Rollt die Drillmaschine bei eingesetzten Scharen auch nur ein kleines Stück rückwärts, verstopfen die Saatausgänge außerdem ziemlich schnell mit Erde.

## Kartoffelsetzen

Mit fortschreitendem Frühjahr steigen auch die Ansprüche an den Ausbildungsstand des Ackerpferdes. Ab April können die Kartoffeln gesetzt werden. Bis Anfang des Jahrhunderts wurden die Kartoffeln überwiegend hinter dem Pflug gesetzt. In der darauffolgenden Zeit – sogar bis heute – benutzte man das Vielfachgerät.

Vom Aspekt des Bauernhandwerks gesehen ist sicherlich die Arbeit mit dem Pflug interessanter und stellt einen höheren Anspruch an Pferd und Fuhrmann.

Beim Vielfachgerät werden die Pferde in Schere oder an Deichsel fest angespannt. Im ersten Arbeitsdurchgang müssen schnurgerade Lochreihen auf dem geeggtem Feld gezogen werden. Da sich sämtliche folgenden Arbeitsschritte an diesen Spuren orientieren, wird äußerste Genauigkeit verlangt. Durch die feste Anspannung übertragen sich Seitenbewegungen der Zugtiere direkt auf den Geräterahmen. Trotz Feinlenkung ist man hinten am Gerät fast ganz vom spurgenauen Schreiten des Pferdes abhängig. Auch dem Pferd fehlen Anhaltspunkte, die es versteht und an denen es sich orientieren kann. Deshalb sollte man bei dieser Arbeit einen Helfer mitnehmen, um nicht schon beim Setzen den Erfolg der Ernte infrage zu stellen. Auch früher, als die Bauern sehr routinierte Pferde hatten, war es eine Seltenheit, dass ein Mann alleine die Pflanzlöcher zog.

Wenn die Kartoffeln gelegt sind, wird der Häufelrahmen angebaut. Die ersten kleinen Dämme werden gezogen. Man sagt auch, die Kartoffeln werden zugestrichen. Auch hier sollte das Pferd geführt werden. Bei gerade gezogenen Lochreihen ist dies kein Problem mehr, da der Mensch die gelegten Kartoffelreihen, auch wenn sie noch so unscheinbar sind, sehen kann. Selbst von einem geübten Pferd wäre das jedoch zuviel verlangt. Ein mittelschwerer Einspänner dürfte mit dieser Arbeit bei einem zweireihigen Gerät keine Schwierigkeiten haben. Anders sieht es aus, wenn ein ungeübter Fuhrmann meint, er müsse beim Zustreichen sofort die fertigen Dämme aufwerfen. Dann kann es vorkommen, dass selbst das zugwilligste Pferd loseilt oder auch ganz stehen bleibt. Sogar ein starker Kaltblüter hat an drei fest in die Erde gedrückten Häufelkörpern schwer zu schaffen. Wenn man schon beim Lochen am Gang des Pferdes merkt, dass der Zug sehr mühsam ist, sind möglicherweise die Tiefenlockerer, die vor den Lochsternen laufen, zu tief eingestellt.

Auch für ein junges, noch ungeübtes Pferd ist das Kartoffelsetzen mit dem Vielfachgerät geeignet, wenn Gerät und Bespannung zusammenpassen. Beim Geradeausschreiten und Wenden an den Kopfenden lernt das Pferd Disziplin und Geduld.

Das Kartoffelsetzen mit dem Pflug stellt andere Ansprüche an Pferd und Fuhrmann. Vom Prinzip her entspricht diese Feldarbeit dem einspännigen Pflügen. Richtet sich nun die Ausbildung des Ackerpferdes nach den im Jahresablauf anfallenden bäuerlichen Arbeiten, geht das einspännige Pflügen eigentlich schon zwei Schritte zu weit. Es setzt nämlich beim Pferd das Verständnis voraus, bei der Feldarbeit Spuren oder Linien zu erkennen und sich daran zu orientieren. Um dies dem Pferd beizubringen, eignet sich das Kartoffelsetzen mit dem Pflug denkbar schlecht.

Die gezogene Furche setzt sich relativ undeutlich gegen unbearbeitetes Land ab. Die geringe Pflugtiefe erfordert genaues Schreiten des Pferdes unbedingt auf dem Furchenkamm. Sonst würde es die gelegten Kartoffeln zertreten. Man kann den Vorderwagen des Pfluges so verstellen, dass das Pferd auch in der Furche gehen kann, was ihm in aller Regel leichter fällt. Zusätzlich wird das junge Pferd ständig durch die auf dem Feld arbeitenden Menschen abgelenkt. Doch vor allem beim Anlegen einer Reihenkultur möchte man ja möglichst gleiche und geradlinige Abstände haben, um die folgenden Pflegearbeiten leichter und effektiver durchführen zu können.

Das junge Pferd soll jedoch nur im Notfall geführt werden. Sonst würde man genau die Basis stören, die für die Entwicklung einer guten Zusammenarbeit mit dem Pferd wichtig ist. Man sollte ihm möglichst oft die Gelegenheit geben, die Arbeiten von Anfang an so zu lernen, wie sie später von ihm verlangt werden.

**Zusammenfassung Kartoffelsetzen**

Für Selbstversorger sind zum Kartoffelsetzen Häufelpflug oder Unterdrehpflug ausreichend. Wer größere Flächen bewirtschaften will, nimmt besser ein Vielfachgerät. Egal welche Setzmethode man einsetzt, wichtig sind für die Unkrautbekämpfung und das Roden gerade und gleich breite Furchen.

## Arbeiten in Reihenkulturen

Nichts ist besser dazu geeignet, dem Pferd das richtige Verhalten in einer Reihenkultur beizubringen, als ein im Frühjahr frisch ergrüntes Kartoffelfeld mit deutlichen Dämmen. Die grün hervorstechenden Pflanzreihen und die Vertiefung zwischen ihnen veranlassen auch ungeübte Pferde schnell dazu, ohne Führungsperson und Leinenhilfe von hinten die Spur zu halten. Der dabei benutzte einfurchige Häufelpflug ist sehr leichtzügig, sodass die Pferde nicht zum Eilen animiert werden und stattdessen gelassen dem deutlich markierten Pfad folgen. Die optischen Richtungsweiser werden noch durch das Gefühl an den Hufen und Beinen unterstützt. Sensible Pferde werden duch die zur Mitte hin weisenden Dammschrägen dazu veranlasst, ihre Tritte wie Perlen an einer Schnur zu setzen. Der Körperbau muss natürlich dafür geeignet sein.

Da der Häufelpflug immer mit beiden Händen gehalten wird, hat der Fuhrmann keine Möglichkeit, auch nur mit einer Hand die Leine zu halten und Hilfen zu geben. Trotzdem sollte die Verbindung zum Pferdemaul auch bei routinierten Pferden erhalten bleiben. Wie bei anderen Arbeiten, bei denen man ebenfalls keine Hand frei hat, kann man sich folgendermaßen behelfen: Die Leine führt über eine Schulter über den Rücken und unter einem Arm durch wieder nach vorn.

Da eine Ackerleine nur selten in ihrer Länge genau auf die jeweilige Situaton passt, verkürzt man sie durch einen leicht zu öffnenden Knoten. Man muss damit einerseits frei hinter dem Gerät schreiten können, anderer seits aber die Möglichkeit haben, durch Zurücklehnen oder seitliche Bewegungen des Oberkörpers lenken oder parieren zu können. Bei Pferden, die auch nur ein bisschen Angst nach hinten zeigen, darf man diese Methode jedoch auf keinen Fall anwenden. Man kann sich vorstellen, was passieren könnte, wenn das Pferd erschrickt und losläuft.

Die zweite, sicherere Möglichkeit hat wiederum einige andere Nachteile. An einer Maulseite wird die Leine so weit verkürzt, bis sie in ihrer Länge hinten in Griffhöhe des Ackergerätes endet. Die Stränge oder Zugketten müssen dabei straff sein. Bei vollkommen gerade gerichtetem Pferd schlingt man dann die Ackerleine hinten um die Sterzen des Häufelpfluges. Die so eingestellten Leinen lassen das Pferd geradeaus gehen. Ist die Leine jedoch zu stramm, zerrt sie im Maul und hemmt die Vorwärtsbewegung. Ist sie zu locker, erlaubt sie dem Pferd zur Seite zu treten.

Will man korrigieren, kann nur kurz an einer Leine geruckt werden. Der Zügel kann auch an einem Ring, der sich oft an Pflügen als Leinenhalter befindet, eingehängt werden. Richtungskorrekturen kann man damit allerdings kaum erreichen. Nur ein wirklich selbstständig gehendes Pferd kann so gefahren werden. Beim Wenden muss rechtzeitig durch Leinenhilfe die Richtungsänderung und die nächste Furche angedeutet werden, immer durch deutliche Kommandos unterstützt. Die auffallend dunklere Erdfarbe frisch gehäufelter Furchen veranlasst die Pferde schnell dazu, die folgende, noch unbearbeitete Reihe von selbst anzusteuern.

Nun wird alle acht bis zehn Tage gehackt oder gehäufelt. Die regelmäßige Arbeit auf dem Acker bis zur Kartoffelblüte gibt dem Pferd genügend Möglichkeit, weitgehend selbstständiges Handeln in einer Reihenkultur zu lernen.

## Rüben- und Maiskulturen

In Rüben- oder Maisreihen zu arbeiten ist etwas schwieriger. Beide Kulturen sind flach. Es fehlt die muldenförmige Reihenmitte, die dem Pferd einen zusätzlichen Anhaltspunkt gibt. Sowohl in Rüben als auch im Mais wird nicht gehäufelt, sondern mit dem Vielfachgerät oder der Einzelreihenhacke gearbeitet. Selbst routinierte Pferde schwanken ein wenig beim Maishacken innerhalb der 75 cm breiten Reihen. Durch den großen Pflanzenabstand ist dies selbst einem breiten Kaltblut möglich. Je weniger Vorwärtsdrang ein Pferd bei dieser Arbeit zeigt, um so mehr wird es in der Reihe hin- und herschwanken.

Die vor allem im jungen Stadium noch schlecht sichtbaren Reihen bereiten zusätzlich Schwierigkeiten. Man muss häufig korrigieren durch Leine und Zurufe, darf die Pferde damit aber nicht aus dem Konzept bringen. Mit dem Vielfachgerät, bei dem das Pferd in der Schere geht und der Fuhrmann an den Sterzen ausgleichen kann, funktioniert das Maishacken wohl am besten. Wenn der Mais erst einen halben Meter hoch steht, halten die Pferde auch hier die Mitte wieder sicher ein. Dann kann ohnehin nur noch mit der Einzelreihenhacke gearbeitet werden.

Rüben müssen besonders schonend behandelt werden. Je nach Witterung und

Vielfachgerät mit zweireihigem Hackrahmen auf Maisreihen eingestellt. Die Leinenführung darf nur bei absolut ruhigen und vertrauenswürdigen Pferden so angewandt werden.

Unkrautauflauf muss die erste Bahnhacke von Hand erfolgen. Sowohl beim zweireihigen Vielfachgerät als auch bei der Einzelreihenhacke muss äußerst vorsichtig gearbeitet werden. Nur ein absolut zuverlässiges, ruhiges Pferd kann ohne Führung gehen. Zum einen sind die Reihen schmal, 45 bis 50 cm, zum anderen sind die Rübenpflanzen empfindlich gegen Verschütten, was gerade bei Richtungskorrekturen schnell passieren kann. Nicht umsonst gehören zur Rübenhackausstattung Schutzscheiben, die neben den Pflanzen herrollen und die Erde abweisen.

Geht ein Pferd in solchen Reihenkulturen auch ohne die Führung durch einen zweiten Mann und richtet keinen Schaden an, ist es ein echter Profi. Es hat voll und ganz verstanden, worauf es ankommt.

Eine gelassene, aber stetige Zugmanier ist ein Zeichen dafür, dass das Pferd durch das Arbeitsumfeld, also Geschirr, Gerät, Vorgänge auf dem Feld, Temperatur oder Fliegen nicht beunruhigt wird. Damit ist es überhaupt erst aufnahmefähig, die Aufgabe zu erkennen, einzuschätzen und sich entsprechend zu verhalten. Ein solches Pferd hält schon vom ersten Schritt an die Reihe ein, es folgt selbstständig einem Kurvenverlauf.

Bei unterschiedlichem Licht geht ein derart geübtes Pferd in die Richtung wesentlich sicherer, in der auch die Pflanzreihen durch den Lichteinfall deutlicher erscheinen. Es wird kaum mehr aus der Reihenmitte abweichen oder in eine andere Reihe übertreten. Kommt es dennoch vor, genügt meist ein deutlicher Zuruf und das Pferd kehrt schnell auf die richtige Bahn zurück. Ähnlich wie bei einem konzentriert arbeitenden Menschen kommt auch beim Pferd mit zunehmender Ermüdung die Nachlässigkeit. Dies muss man mit einkalkulieren, auch wenn Hackgeräte im Allgemeinen eher als leichtzügig einzustufen sind.

Jedes Tier ist verschieden, mehr oder weniger talentiert. „Manche lernen's nie“, andere haben Geschick dafür. Dies trifft auch auf Arbeitspferde zu. Wenn ein Pferd jedoch vor allem beim Arbeiten in Reihenkulturen gut mitmacht, dann kann man davon ausgehen, dass es, sobald es Ackerboden unter die Hufe bekommt, regelrecht Ausschau hält nach irgendwelchen Anhaltspunkten, die seinen Weg beeinflussen.

**Zusammenfassung Reihenkulturen**

- Dem Einsatz von Pferden in Reihenkulturen kann keine Maschine Konkurrenz bieten. Boden- und bestandsschonend arbeitet das gut angelernte Ackerpferd größtenteils selbstständig ohne umweltschädliche Abgase zu produzieren.
- Bleibt das Pferd auch in Kurven ohne lenkendes Eingreifen des Fuhrmannes in der Reihe, beweist es damit, dass es verstanden hat, was man von ihm verlangt.

## Zweispänniges Pflügen

Bevor zweispännig gepflügt werden kann, muss das Pferd das, was es in Reihenkulturen gelernt hat, auf etwas andere Art anwenden. Kartoffeln setzen mit dem Pflug, Schälen oder einspänniges Pflügen sind dafür eine gute Übung. Das Pferd soll nun nicht im Furchengraben laufen wie beim Häufeln, sondern auf dem Furchenkamm, knapp neben dem Graben. Anfangs muss durch Leinenhilfe und Zurufe verdeutlicht werden, was man vom Pferd erwartet. Meist wird die neue Aufgabe

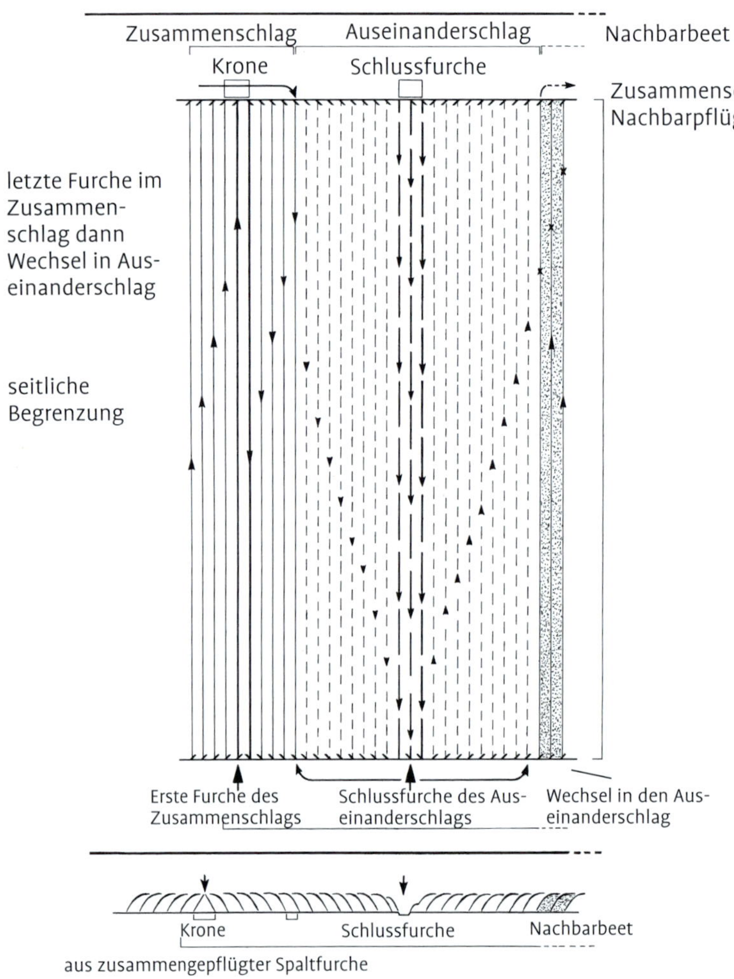


Ein mit dem Beetpflug in drei Abschnitten gepflügtes Feld.
a) Start mit Zusammenschlag.
b) Zweiter Start mit Zusammenschlag.
c) Schlussfurche mit Auseinanderschlag.

schnell verstanden. Hat man allerdings einen hartnäckigen „Furchenläufer“, verstellt man besser die Anhängung am Pflugkarren, sodass das Pferd auch in der Furche gehen kann.

Beim zweispännigen Pflügen geht ein Pferd im Furchengraben, das andere auf dem ungepflügten Land. Wenn das Furchenpferd beim Wenden erst einmal richtig einfädelt, kann eigentlich nichts mehr schiefgehen. In den seltensten Fällen verlässt es die deutlich vorgezeichnete Spur. Die größte Schwierigkeit liegt also im sauberen Anpflügen. Die gewünschte Richtung muss man zwischen den Pferden anpeilen und diese entsprechend mit Leine und Kommando lenken, falls sie sich nicht an einem Weg oder Rain orientieren können. Um mit dem Zweispänner saubere Pflugarbeit zu leisten, sollten beide Pferde von ihrem Arbeitstempo her zusammenpassen. Alle anderen Unterschiede, vor allem Größe und Kraft betreffend, kann man mit den Verstellmöglichkeiten von Pflug und Waagscheiten ausgleichen, solange sie nicht zu gravierend sind.

Bei schwierigem Temperament muss notfalls mit Laufzügel (S. 90) gearbeitet werden. Ein gleichmäßiger mittlerer Schritt ist eigentlich wie bei allen Feldarbeiten optimal. Bei der Leinenführung hat sich die gewöhnliche Einspännerackerleine bewährt. Sie wird einfach an den äußeren Gebissringen befestigt. In der Mitte werden die Pferde durch eine leichte Holzstange mit kleinen Karabinerhaken an den Enden verbunden. So halten sie während der Arbeit den gewünschten Abstand ein.

Man kann die Pferde auch mit Strick oder Kette verbinden. Die Außenleine sollte bei angezogenen Strängen auf minimalen Zug gebracht werden. Man führt sie hinten am Pflug durch eine Öse oder einen Haken und verkürzt das Ende entsprechend am Pferd. Der Rest der Leine wird am Geschirr einhängt. So haben die Pferde während des Pflügens einen kleinen Halt an den leicht angenommenen Leinen. Der Pflüger hat zugleich die Hände frei, um eventuell leichte Kurven zu korrigieren.

Zwei Ackerpferde, die kraftvoll und ruhig vor einem gut eingestellten Pflug hergehen, sind schon ein eindrucksvolles Bild, das jedermann im Gedächtnis bleibt.

Es gibt neben Ein- und Zweispännerpflügen auch Pflüge für Dreispänner. Hier geht ein Pferd in der Furche und zwei auf ungepflügtem Boden. Die Dreieranspannung vor dem Pflug war in Westdeutschland weniger verbreitet.

**Zusammenfassung Zweispännig Pflügen**

- Das zweispännige Pflügen ist gerade für Anfänger die günstigste Anspannung. Das in der Furche gehende Pferd führt. Auch ungeübte Pferde lernen sehr schnell, in der Furche zu bleiben.
- Ruhiger, stetiger Schritt ist Voraussetzung für eine gute Pflugarbeit. Zu Beginn sollte man schon einen Helfer haben, um krumme Furchen zu vermeiden.

## Halmfruchternte

Nachdem im Frühjahr und Vorsommer die reinen Ackerarbeiten den Pferdeeinsatz bestimmen, steht im fortschreitenden Jahresablauf die Heuernte an. Der Grasmäher kommt als Erstes zum Einsatz.

### Grasmäher

Auch im Frühjahr ist der Grasmäher zwischendurch angespannt worden, um größere Mengen Grünfutter für Stalltiere zu beschaffen. Diese Maschine lässt keine Kompromisse zu in Bezug auf Abstimmung zwischen Gerät und Bespannung. Für den Betrieb eines Einspänner-Grasmähers benötigt man auch einen wirklich kräftigen Kaltblüter oder schweren Warmblüter mit mindestens 700 kg Körpergewicht. Diese Mähmaschinen besitzen im Allgemeinen zwölf Klingen. Beste Wartung und passende Einstellung sind allerwichtigste Voraussetzung für gute Mäharbeit. Auch das Pferd sollte in optimaler

Kondition sein. Normalerweise ist dies auch der Fall, wenn die Frühjahrsbestellung auf pferdegerechte Weise bewältigt wurde.

Trotzdem werden die Pferde bei der Arbeit am Grasmäher außergewöhnlich stark belastet. Der Grasschnitt fällt in die warme, insektenreiche Jahreszeit. Man kann dem Schlimmsten entgehen, indem man entweder früh am Morgen oder spät abends mäht. Für einen guten Schnitt ist ein zügiges Schritttempo wichtig, was jedoch auch an den Kräften zehrt. Wenn der Mähbalken falsch eingestellt und mit Gras oder Erde verstopft ist, kostet dies zusätzlich Kraft und Nerven. Daher sollten die Wiesen im Frühjahr gründlich abgeschleppt werden.

Sobald der Mähbalken das Schnittgut mitnimmt, muss sofort angehalten und mindestens 1 m rückwärts gerichtet werden. Spätestens jetzt zeigt sich, ob das Jungpferd seine Ausbildung verinnerlicht hat und auf Zuruf, unterstützt von einem Leinenzug, den Widerstand von Grasmäher und aufliegendem Schnittgut nach hinten bewegt. Wenn es hierbei Schwierigkeiten macht, wird die Mäharbeit kaum erfolgreich sein können. Beim Rückwärtsrichten streift sich bereits ein Teil des Grases vom Balken ab. Trotzdem muss der Mähbalken und die vor den Balken schon angemähte Fläche gründlich von Gras, Erde oder Moos befreit werden. Dabei muss man sehr vorsichtig vorgehen (S. 63).

- Bevor man an den Balken fasst, muss man sichergehen, dass der Antrieb ausgeschaltet ist. Bei vielen Maschinen passiert dies schon beim Ausheben des Balkens aus der Mähstellung, aber nicht bei allen. Manche müssen mit einem Fußpedal abgeschaltet werden.
- Das Pferd muss mit aller Konsequenz auf der Stelle stehen bleiben. Arme und Hände können schon bei einem halben Schritt nach vorn durch die spitzen Mähfinger schwer verletzt werden.
- Bevor man mit der Hand an den Balken greift, sollte mit der Heuharke, die man stets dabei haben muss, der Mähbalken gereinigt werden.

Gerade die Mäharbeit ist vor allem auf kleinen, unregelmäßigen Flächen für Pferd und Mensch nervenaufreibend. Allzu schnell vergisst man im Eifer des Gefechts die Sicherheitsvorkehrungen.

Beim erstmaligen Anspannen des Grasmähers ist außerdem Vorsicht geboten, da ein ungeübtes Pferd das ratternde Geräusch des Messers in der Führungsschiene nicht kennt. Das Geräusch wird mit steigendem Tempo immer lauter, was manche Pferde verängstigt. Zum Einüben fährt man anfangs in extrem langsamer Gangart über eine kurze Wiese oder Weide, wo saubere Schnittleistung keine Rolle spielt. Zwischendurch wird der Balken ausgehoben. Während der Leerfahrten kann sich das Pferd wieder etwas entspannen. Spätestens nach einigen Runden im Mäheinsatz ist das Pferd so mit der kräftezehrenden Arbeit so beschäftigt, dass es die Beigeräusche nicht mehr registriert. Jetzt liegt es am Fuhrmann, die Pferde im Hinblick auf ihre körperliche Belastbarkeit richtig zu beurteilen und entsprechend Pausen einzulegen oder die Arbeit ganz einzustellen. Starkes Schwitzen, die Atemfrequenz und der Ausdruck des Pferdes geben dem aufmerksamen Beobachter Aufschluss.

Niemals sollte eine Zweispännermaschine mit 16 oder mehr Klingen von einem Pferd allein oder auch von zwei schwachen Pferden betrieben werden. Man kann davon ausgehen, dass die Gerätehersteller schon ein kräftiges Zugpferd und keinen edlen Warmblüter als Maßeinheit vor Augen hatten. Gerade beim Grasmäher sind Alter und Fabrikat der Maschine zu beachten. Bis etwa 1960 wurden sie noch für den Pferdezug gebaut. Man kann davon ausgehen, je jünger die Maschine, umso leichtzügiger ist sie aufgrund des besseren Materials und der verfeinerten Technik. Die Unterschiede in den Fabrikaten muss jeder für sich beurteilen. Für die schon in den 1940er-

Mit einem geübten Gespann auf nicht eingegrenzten Flächen den ersten Schnitt zu machen kann ein richtiger Genuss sein.

Jahren aufgekommenen Grasmäher mit Aufbaumotor (S. 65) gilt dies nur mit Einschränkungen, da der Antrieb der Mähvorrichtung über die Bodenhaftung wegfällt.

### Gabelwender

Zum Lockern und Wenden des geschnittenen Grases wurde auf kleineren Betrieben der Gabelwender am häufigsten eingesetzt. Er wird grundsätzlich von nur einem Pferd gezogen und ist dabei selbst noch von einem leichten Warmblut zu bewältigen. Wer ein Pferd zum ersten Mal vor den Gabelwender spannt, sollte bedenken, dass bei Bewegung ein schreckliches Rattern ertönt. Entsprechend der Tempoveränderungen nimmt das Geräusch zu oder ab. Das lauter werdende Rattern kann ein Pferd durchaus erschrecken.

Da es sich auch um ein sehr leichtzügiges Gerät handelt, soll es schon vorgekommen sein, dass ein in Panik geratenes Pferd mit dem Gabelwender im Gefolge einen Zaun übersprungen hat. Auch das aufwirbelnde Heu kann das Pferd erschrecken. Trotzdem wird ein Pferd, das bei den Frühjahrsarbeiten Routine gesammelt und bereits den Grasmäher gezogen hat, in aller Regel keinerlei Schwierigkeiten mit dem Gabelwender machen. Der geringe Zugwiderstand wird ihm eher angenehm sein, was sich in lockerem, gelassenem Einherschreiten äußert.

> Die Wendearbeit muss täglich bis zu dreimal durchgeführt werden, und das noch in der größten Hitze. Sie ist daher nicht zu unterschätzen. Achten Sie darum auf regelmäßige Pausen.

### Schlepprechen

Er stellt dieselben geringen Ansprüche an das Zugpferd wie der Gabelwender. Vom Bediener verlangt er schon etwas mehr Aufmerksamkeit, schließlich sollten die Schwaden in einer geraden Reihe abgelegt werden. Bei Gabelwender wie auch Schlepprechen darf niemals der Schnappriemen fehlen, sonst könnten bei plötzlicher Hecklastigkeit die Scherbäume hochschlagen. Die Arbeit mit Trommelheuwender, Schwadrechen oder Spinne läuft ähnlich ab und stellt an das Pferd keine besonderen Ansprüche.

## Getreideernte

Um Pferde bei der Getreideernte einzusetzen, braucht man zumindest einen Grasmäher mit den nötigen Anbauteilen (S. 67). Der Anspruch an die Pferde ist ähnlich wie beim Grasmähen, die Arbeit ist sogar eher etwas angenehmer. Normal stehendes Getreide lässt sich gut schneiden und verstopft kaum. Da von Hand gebunden werden muss, werden häufiger Pausen eingelegt. Dafür macht die Fliegenplage den schwitzenden Pferden zu schaffen.

Die zur Maschine passende Bespannung ist natürlich Grundvoraussetzung für einen reibungslosen Arbeitsablauf. Um mit dem Mähbinder Getreide in einem Arbeitsdurchgang zu schneiden und in Garben zu binden, benötigt man fast immer drei kräftige Pferde. Sie sollten sich in Temperament und Arbeitsmanier nicht allzu sehr unterscheiden. Wenn das Getreide nicht einwandfrei steht und der Boden feucht ist, ist besonderer Kraftaufwand nötig, der nur von einem ausgeglichenen Gespann geleistet werden kann.

Das Transportieren der Erntefuhren, ob nun lose oder in Form von Ballen, ist eine gewöhnliche Lastfahrt. Auf unterschiedliche Weise wurde sie bereits in den ersten Ausbildungsschritten dem Pferd vertraut gemacht. Nur das sperrige Ladegut, oft hoch geladen, lässt die Fuhre ab und zu schwanken. Bei Feldausfahrten, schrägen Fahrwegen oder unebenem Gelände sollte man dies bedenken. Wenn eine Fuhre Ballen erst zu rutschen beginnt und dann unaufhaltsam auseinanderbricht, wird man das nächste Mal sorgfältiger stapeln und sich im Voraus mehr Gedanken über seinen Weg machen.

## Kartoffelernte

Bevor die Ernte beginnt, muss Platz geschaffen werden für die Kartoffeln, die vom Roder ausgeworfen werden. Liegt der Acker neben einer Wiese oder einem Stoppelfeld ist dies nicht nötig. Ansonsten müssen mindestens zwei Reihen entweder von Hand ausgehackt oder mit einem Pferd und einem Häufelpflug ausgefurcht werden. Sehr gut eignen sich dafür die alten hölzernen Häufelpflüge mit einem ziemlich platten, schuppenartigen Häufelschar. Das Pferd wird am besten am Kopf geführt, damit man in extrem ruhigem Schritt das Häufelschar einigermaßen in der Damm-Mitte halten kann. Die Kartoffeln werden so rechts und links aus dem Damm hinausgedrückt. Vorher sollte das Kraut entfernt worden sein. Später muss man gerade diese Stellen gründlich eggen, um die im Boden verbliebenen Knollen freizulegen. Auch ein Einscharpflug eignet sich dafür.

Beim zweispännigen Roden geht ein Pferd zwischen den ersten beiden Dämmen in der Furchenmulde, das zweite auf dem soeben gerodeten und schon abgesammelten Bereich neben dem ersten Damm. Da das Furchenpferd sicher geradeaus schreitet, braucht ein solcher Zweispänner kaum Lenkung durch Leine oder Stimme. Nur das Tempo muss so bestimmt werden, dass die Kartoffeln gut von der Erde befreit werden, ohne zu weit zu fliegen.

Gerade beim Kartoffelroden neigen wenig routinierte Pferde dazu eiliger zu werden. Bei korrekter Einstellung des Rodeschars und nicht zu langen Feldern ist das Kartoffelroden eine nicht zu schwere Arbeit. Pausen werden eingelegt, solange die gerodete Reihe aufgesammelt wird. Wenn genügend Leser verfügbar sind, kann man rund fahren, in zwei Richtungen roden und die Leerfahrt zurück zum nächsten Dammanfang sparen. Beim Vorratsroder wird Reihe für Reihe ausgerodet, ohne auf das Tempo der Leser Rücksicht nehmen zu müssen. Hier muss man die Pferde aufmerksam beobachten, die dabei überfordert werden können.

Beim Einspännerroder geht das Pferd in der Schere. Sie kann mit einer Kurbel vorn seitlich am Rahmen des Roders so schräg gestellt werden, dass das Pferd neben dem zu rodenden Damm hergeht. Ein geübtes Ackerpferd hat dadurch keine Schwierigkeiten der Furche zu folgen. Trotzdem muss konsequent Leinenkontakt gehalten werden, da der Roder schon bei geringfügigen Richtungsänderungen einzelne Kartoffeln schneidet oder gar nicht auswirft. Am Dammanfang sollte mindestens einen halben Meter früher eingesetzt werden, um weniger Kartoffeln anzuschneiden.

Der Pferdeführer muss lenken und die Maschine im Auge behalten. Dazu geht man am besten zwischen zweitem und drittem Damm neben dem Roder her. Vorsicht, die Schleuderarme können das baumelnde Leinenende erfassen, wenn man zu nahe an der Maschine geht. Auch das Schritttempo muss auf ein optimales Rodeergebnis abgestimmt werden. Am Ende des Erntetages wird der Roder abgestellt und Egge oder Grubber angespannt, um die im Boden verbliebenen Kartoffeln aufzudecken.

Wenn anschließend der Ackerwagen angespannt wird, werden die Säcke aufgeladen, falls die Körbe nicht gleich auf den Wagen entleert wurden. Ein Sack wiegt etwa 1 Zentner, und damit kann man sich recht anschaulich klarmachen, wie viel Gewicht auf dem Wagen zusammenkommt. Man sollte jetzt achtgeben nicht zu überladen. Mit jedem zusätzlich aufgeladenen Sack verändert sich das Zugverhalten des Gespanns, und ein verantwortungsbewusster Pferdeführer merkt sofort, wann die Fuhre voll genug ist.

### Rübenernte

Bei der Rübenernte hat man oft mit aufgeweichtem, schlüpfrigem Boden zu kämpfen. Damit entstehen schnell enorme Belastungen, sodass früher gerade die Feldausfahrten nur mit Vorspann bewältigt werden konnten. Nicht zuletzt deshalb setzten sich die schweren und wuchtigen Kaltblüter gerade in Gebieten mit intensivem Rübenanbau stark durch.

Bei der Hackfruchternte kommen im Gegensatz zur Heu- und Garbenernte weniger voluminöse, dafür aber um so schwerere Lasten zusammen. Gleichzeitig hat man zumindest auf dem Feld die ungünstigsten Bodenverhältnisse. Diesen besonderen Bedingungen sollten das Pferd und das Geschirr gewachsen sein. Optimale Passform und Stabilität sind oberstes Gebot, was auch für Zugstränge, Ketten, Ortscheite und Waagen gilt.

Jeder, der mit Pferden im Zug arbeitet, sollte ganz besonders Geschirr, Wagen und Gerät ständig auf Haltbarkeit und Funktionstüchtigkeit beobachten und prüfen. Nachlässigkeit kann hier für Pferd, Fuhrmann und unbeteiligte Personen fatale Folgen haben.

## Holzrücken mit Pferden

Traditionsgemäß gehört das Holzrücken mit zu den bäuerlichen Arbeiten mit Pferden. Die meisten Bauern besaßen mehr oder weniger große Waldflächen, die vor allem im Winter bewirtschaftet wurden. Viele Bauern arbeiteten zusätzlich für Privatwaldbesitzer oder Forstämter, vor allem in den waldreicheren Mittelgebirgsregionen. Abgesehen von dem zusätzlichen Einkommen brachte die Arbeit im Wald auch Beschäftigung für die Pferde in der ansonsten arbeitsstillen Winterzeit.

Morgens nach der Stallarbeit wurden alle nötigen Utensilien wie Axt, Säge, Rückeketten, Keile und Hammer sowie der Tagesproviant für Pferd und Mann auf einen Wagen geladen, man spannte vor und fuhr los. Der eigene Wald lag meist in Hofnähe, Lohnarbeiten wurden nur im näheren Umkreis angenommen. Es gab damals wesentlich weniger Waldwege und -schneisen, daher führten auch längere Strecken quer durch den Wald. Bei der Rückearbeit mussten Bäume aller Holzstärken bewältigt werden. Auch das Endrücken wurde mit Pferden durchgeführt. Und schließlich wurde das schwere Holz auch mit Pferdekraft auf die Wagen geladen und abtransportiert.

Für alle Arbeitsschritte, vom Zusammenziehen der Stämme bis zum Aufpoltern und Aufladen, entwickelten sich Techniken, die sich regional etwas unterschieden. Am auffälligsten ist dies beim Führen des Pferdes. Im Rheinland und Westfalen wurden die Pferde von vorn geführt. Mit einem Führstrick mit durchgeschlaufter Kinnkette am Trensenring ging der Fuhrmann vor oder neben dem Pferd her. Häufig blieb er seitlich stehen und ließ das Pferd stückweise antreten, während er hinten das angehängte Holz beobachtete und durch Kommandos die nötigen Richtungshinweise gab.

Innerhalb des Baumbestandes bildeten sich ganz von selbst Schleifwege, die von den erfahrenen Pferden immer wieder selbstständig angenommen wurden. War die Last angehängt, steuerten diese Pferde sofort den Schleppweg an und gingen selbstständig zum Waldrand, sodass häufig nur ein Jugendlicher mitgehen musste, um bei kleinen Richtungsänderungen zu helfen und am Waldrand die Last abzuhängen. Danach führte er das Pferd in den Bestand zurück, wo Vater oder Großvater die nächste Fuhre zusammenzogen.

Vor allem beim Schwachholzrücken waren Überlegung und Geschick gefragt, um mit möglichst kurzen Wegen waldschonend eine Schleppe zusammenzubekommen. Stabile und breite Ortscheite aus Esche oder Eiche wurden benutzt. Gelegentlich nahm man auch eine lange Kette, die beiderseits vom Zuggeschirr als Zugkette eingehängt war und hinter dem Pferd mit einem etwa 80 cm langen Rundholz auseinandergehalten wurde. Als Rückekette bevorzugte man kleingliedrige, zweisträngige Ketten mit einzelnen großen Gliedern, über die man die Last am Ortscheit einhängen konnte.

In bergigen Gebieten benutzte man geschmiedete Wirbel zwischen Ortscheit und Zughaken. Beim Wegrollen der angehängten Stämme konnte sich die Zugkette nicht aufrollen, ein Hochschlagen des Ortscheites wurde verhindert.

Selten wurden die Pferde von hinten mit der Einspännerleine gearbeitet. Bei zweispännigem Rücken in lichten Beständen oder Kahlschlägen dagegen lenkte man meist von hinten. Im gesamten süddeutschen Raum war die Stoßleine (S. 129) verbreitet, die beste und sicherste Art der Leinenführung beim Holzrücken.

Um Stammholz aufzupoltern, nutzte man möglichst Gräben oder Böschungen aus und hebelte von Hand nach. Beim Poltern mit den Pferden zog man quer zum liegenden Holz erst das dicke Ende auf den Polter, dann das dünne. Dazu musste ein stabiles Rundholz als Rutsche im vorderen Bereich des Stammes unterlegt werden. Meistens stapelte man gegen stehende Bäume. An dem Baum, gegen den sich die dicken Stammenden anlegten, befestigte man eine extrem lange Kette und legte sie über die schon aufgestapelten Stämme hinaus auf den Boden. Der nächste Stamm konnte so mit der Kette im Querzug mit relativ geringem Kraftaufwand auf den Stapel gerollt werden. Mit dieser Technik wurden auch die Holzabfuhrwagen beladen. Auch hier nutzte man wenn möglich Böschungen. Die quer zum Polter oder Wagen ziehenden Pferde mussten äußerst ruhig und gehorsam sein. Bis zu acht Festmeter Holz wurden auf die zweispännig gezogenen Wagen geladen.

Eine spezielle Ausbildung zum Rückepferd gab es nicht. Die Holzarbeiten hatten vor allem in den Mittelgebirgsgegenden ihren festen Platz im Jahresablauf, sodass die Ackerpferde ganz selbstverständlich dazu eingesetzt wurden. Durch den engen Kontakt mit den Tieren während des übrigen Jahres war die Gewöhnung an die Forstarbeiten meist kein Problem. Die Pferde waren von der Feldarbeit mit den Kommandos vertraut, die gerade bei der Rückearbeit sehr wichtig sind. Häufig wurde die Rückearbeit von älteren, teilweise über 70-jährigen Bauern bewältigt. Dies zeigt, dass selbst bei dieser an sich schweren Arbeit Erfahrung und Geschicklichkeit entscheidend sind.

Pferde werden heute wieder häufiger im Wald eingesetzt. Es gibt fast überall Rückeunternehmen, das Holzrücken wird aber auch nebenberuflich oder als Hobby betrieben.

Zwei Kaltblüter vor am dünneren Ende angehängten Stämmen. Das Gewicht der angehängten Last darf auf keinen Fall unterschätzt werden.

## Eignung des Pferdes

Ausgebildete Holzrückpferde stehen immer wieder zum Verkauf. Für ein gutes Ackerpferd ist Holzrücken jedoch keine allzu schwierige oder neue Aufgabe, wenn es gute Nerven hat. Leichte Pferde sind jedoch bald überfordert, wenn die Stämme schwer sind. Dabei können sie sicherlich zum Teil ihr geringes Gewicht und die geringere Kraft durch Zugtechnik und Geschicklichkeit ausgleichen. Trotzdem sind Kaltblüter fürs Holzrücken geradezu prädestiniert. Pferde, die in allen Holzsortimenten eingesetzt werden, sollten nicht unter 700 kg Körpergewicht haben.

Im bergigen Gelände ist der sehr schwere Kaltblüter allerdings auch nicht geeignet. Das mittelschwere Kaltblut stellt somit den Idealtyp dar, der genügend Wendigkeit und Gangvermögen mit ausreichender Zugkraft verbindet. Stämme, die diese Rassen nicht bewältigen können, wären auch für einen schweren Kaltblüter als Dauerbelastung zu viel. Zwar haben diese großen Rassen sicherlich mehr Kraftreserven und profitieren auch von der hebenden Krafteinwirkung. In der Ebene sind diese Vorteile nicht zu leugnen, in Hanglagen jedoch bewährt sich der mittelschwere, eher gedrungene Typ.

Für die Eignung als Rückepferd gibt ohnehin der individuelle Charakter des Pferdes den eigentlichen Ausschlag. Pferde mit einem äußerst ruhigen, eher schon etwas phlegmatischen Wesen sind zu bevorzugen. Andererseits ist unbedingte Zugwilligkeit und -festigkeit nötig. Beides hängt aber größtenteils von Ausbildung und täglichem Umgang mit dem Pferd ab.

Ein schreckhaftes, nach hinten orientiertes Pferd mit viel Bewegungsdrang ist für diese Arbeit nicht geeignet. Wenn man glaubt, bei Kaltblütern käme das nicht vor, täuscht man sich jedoch. Umgekehrt lassen sich bei Warmblütern wahre Naturtalente entdecken, denen die Rückearbeit im Blut zu liegen scheint.

Auch der Erfolg der Rückearbeit hängt von besonnenem und gelassenem Ungang und entsprechender Arbeitsweise ab. Manche Pferde, die jahrelang vor dem Wagen oder auf dem Feld eingesetzt werden, tun sich bei der Gewöhnung an die Rückearbeit schwerer als solche, die ziemlich jung damit vertraut gemacht wurden. Das mag daran liegen, dass ein gefällter Baumstamm auch einer niedrigen Holzklasse vor allem beim Anziehen einen wesentlich starreren Widerstand bietet als ein Wagen oder Ackergerät. Der Zugwiderstand unterscheidet sich sehr stark von der Feldarbeit. Das Pferd kann dadurch verunsichert werden, heftig reagieren und zu flott anziehen. Die dabei entstehenden Geräusche durch brechendes Reisig und Totholz sowie die ständig wechselnden Zugwiderstände sind ebenso ungewohnt.

Auch routinierte Ackerpferde müssen allmählich angelernt werden. Viele Holzrücker, die auch selbst züchten, lernen ihre Jungpferde meist direkt im Wald an. Diese Pferde lernen die „Annehmlichkeiten" des Wagenziehens erst gar nicht kennen und fügen sich oft erstaunlich schnell in die Waldarbeit.

**Zusammenfassung Holzrücken**

- Das Rückepferd ist bei der Waldarbeit in Bezug auf Boden- und Bestandsschutz sowie flexiblen Einsatz nicht zu übertreffen. Ein gut ausgebildetes, kräftiges Pferd und ein umsichtiger und erfahrener Fuhrmann stellen ein Team dar, das den ständig wechselnden, oft gefährlichen Situationen im Forst gewachsen ist.
- Rückegeschirr und Handwerkszeug des Rückers müssen passen und auf höchste Belastungen ausgelegt sein, ohne unhandlich zu werden. Umsichtiges, vorausschauendes Handeln des Menschen und ruhige Zugmanier bei eisernem Zugwillen des Pferdes gewähren ein langfristig effektives Arbeiten.

Mit drei Einspännern kann an einem Arbeitstag im Wald schon allerhand geschafft werden.

## Rückegeschirr und Anspannung

Beim Holzrücken sollte stets mit Kumtgeschirr gearbeitet werden. Das Brustblatt kann extrem einschneiden, wenn beispielsweise ein Stamm im schweren Zug gegen einen Stucken rollt und schlagartig blockiert. Solche Schläge lassen sich mit dem Kumt, das auf der massiven Schulterpartie großflächig aufliegt, viel weicher abfangen. Zudem treten beim Rücken immer wieder sehr hohe Zugbelastungen auf, für die das optimal sitzende Kumt einfach besser geeignet ist. Praktisch sind hier auch Stranghalter aus stabilen Lederstreifen oder besser aus einem einfachen Hanfstrick mit einem Ring an den Enden, durch den die Zugketten laufen. Sie werden am Schweifriemen in Höhe der Kruppe befestigt. So können die Zugketten im Bewegungsbereich der Hinterbeine hochgehalten werden, damit in engen Wendungen kein Übertreten möglich ist.

Das Ortscheit beim Rücken kann aus abgeplattetem Rundrohr, Vierkantrohr oder Holz angefertigt sein. Es sollte mindestens 80 cm breit und ausreichend stabil sein, um auch stärkster Belastung standzuhalten. Andererseits darf es nicht zu schwer sein, da es während der Rückearbeit von Hand ständig zurückgezogen oder herumgehoben werden muss. Ein Wirbel zwischen Ortscheit und Zughaken ist zum spannungsfreien Anhängen wichtig. Außerdem vermeidet man dadurch, dass sich die Zugkette bei Seitenbewegungen des Holzes am Hang aufrollt. Schlitzhaken oder Krampenhaken sind als Zughaken am besten geeignet. Man kann die Rückekette hinter sämtlichen Gliedern beliebig einhängen. Eine durchgehende Rückekette von etwa 4 m Gesamtlänge mit zwei Schlinghaken am Ende ist sehr nützlich. Sie wird vor allem in schwächerem Holz immer zweisträngig gebraucht. Durch die zwei Schlitzhaken kann jede Schleppe möglichst nah am Ortscheit eingehängt werden. Die hebenden Kräfte beim Ziehen kommen dann besonders gut zur Geltung.

Als Zugstränge, die die Verbindung zwischen Kumt und Ortscheit bilden, eignen sich sehr gut Gurtbänder, die auch als Halsriemen für Rinder verwendet werden. Die Kettenenden sollten 80 cm bis 1 m lang und verstellbar sein. Sie werden am Ortscheit eingehängt.

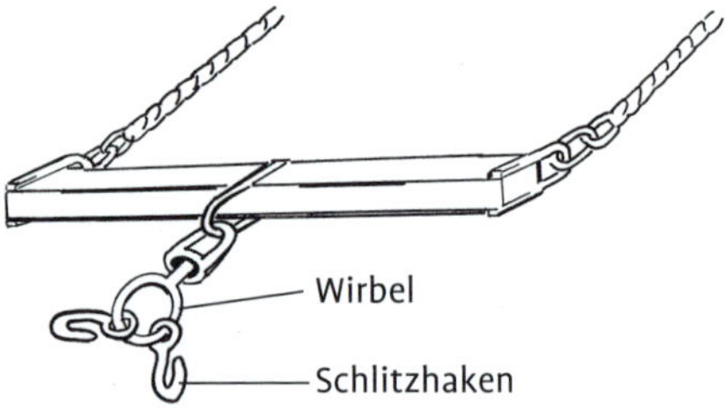


Rückeortscheit.

Viele Holzrücker arbeiten mit durchgehenden Zugketten, die vorn am Rippscheithaken in der Länge verstellt werden können. Gurte hingegen sind etwas elastisch und können notfalls auch durchgeschnitten werden. Die Länge der Zugstränge muss immer wieder den Gegebenheiten angepasst werden.
Beim Rücken in ebenem Gelände werden sie so kurz wie möglich, in Steillagen länger eingestellt. Hier braucht man Platz, wenn die Fuhre ins Rutschen kommt. Die hebenden Kräfte sind durch die Bergabstellung des Pferdes ohnehin fast ganz aufgehoben. Bei der Einstellung des Rückenriemens vom Rippscheit aus muss darauf geachtet werden, dass kein gebrochener Zug entsteht. Wenn der Zugansatzpunkt zu hoch liegt, kann dies leicht passieren. Auch ein locker sitzender Bauchgurt darf bei der Rückearbeit auf keinen Fall fehlen. Wird das Holz über eine Böschung gezogen, wobei das Pferd deutlich tiefer steht als die noch auf der Böschung befindliche Last, können sich bei fehlendem Bauchgurt die Zugstränge seitlich über den Rücken wegziehen. Selbst ein routiniertes Pferd würde dadurch verunsichert werden.

Durch Schlagreisig und am Boden liegende Baumkronen findet das Rückepferd selbstständig den besten Weg.

**Zusammenfassung Rückegeschirr**

Ein stabiles und optimal passendes Kumtgeschirr sollte Voraussetzung für das Holzrücken sein. Das mindestens 80 cm breite, äußerst stabile Ortscheit darf nicht zu schwer sein und muss mit Wirbeln und zwei Schlitzhaken ausgestattet sein. Die etwa 3,5 bis 4 m lange Rückekette hat an jedem Ende einen Schlinghaken, der jedoch kein Reisig einfangen sollte. Die Kette wird überwiegend zweisträngig gebraucht.

## Zäumung und Lenken des Pferdes im Wald

Bei der Arbeit auf dem Feld kann man sich über den Einsatz von Scheuklappen noch streiten. Beim Holzrücken sollte man sie auf keinen Fall verwenden. Die Pferde brauchen hier den vollen Rundumblick, um sich zu orientieren und auf die vielen Hindernisse zu reagieren.

Auch bei der Zäumung und dem Lenken des Pferdes im Wald gibt es regionale Unterschiede. Man kann mit einem Handstrick arbeiten, der in den Trensenring eingehängt wird. Die Stoßleine wird ebenfalls eingesetzt, seltener die geschlossene Einspännerleine. Hier besteht ständig die Gefahr, in der Leine hängenzubleiben. Lässt man das Pferd stückweise alleine gehen, verfängt sich der geschlossene Zügel sofort in Reisig und Ästen. Hängt man ihn vor-

Ein professioneller Holzrücker. Für diesen Arbeitstag hat er sein Pensum erledigt.

her ans Kumt, bekommt das Pferd immer wieder einen Ruck ins Maul, was auch das geduldigste Pferd verdirbt. Selbstständiges Arbeiten auf Zuruf ist damit kaum möglich.

Die Arbeit mit dem einseitigen Handstrick oder Führseil ist weit verbreitet und hat einiges für sich. Unerfahrenen Pferden gibt der nebenhergehende Fuhrmann Sicherheit. Ein energisch werdendes Pferd kann leichter unter Kontrolle gehalten werden. Das Pferd wird mit der Hand oder duch Kommandos zu Richtungsänderungen veranlasst. Muss das Pferd durch Buschwerk o. Ä. gehen, kann der Handstrick über Kumt oder Rücken geworfen werden. Die Gefahr, dass das Pferd auf den Strick tritt und sich im Maul zieht, ist gering.

Das Pferd wird nach und nach immer selbstständiger, vor allem, wenn es konsequent die Halt-, Rechts- und Linkskommandos befolgt. Ein großer Nachteil ist, dass man neben dem Pferd hergehend das angehängte Holz schlecht unter Kontrolle hat. Wenn das Holz möglichst kurz angehängt wird, kann es der Spur des Pferdes folgen. Trotzdem geraten vor allem lange Stämme oft unerwartet aus der Richtung und müssen sofort angehalten werden, um Schaden an stehenden Bäumen zu vermeiden. Meist merkt man dies an plötzlich verändertem Zugverhalten des Pferdes. Es reagiert auf den abgleitenden Zugschwerpunkt sofort durch Gegenzug in die andere Richtung.

Beim Nebenhergehen besteht auch die Gefahr, dass man durch das konzentriert arbeitende Pferd unabsichtlich angerempelt oder an einem Baum gedrückt wird.

## Stoßleine

Die optimale Lösung wäre die Stoßleine. Der Pferdeführer kann aus jeder Position das Pferd kontrollieren. Gleichzeitig hat er immer die Möglichkeit, es selbstständig gehen zu lassen. Der Fuhrzügel kann sich dabei nicht im Reisig verfangen. Ein Nachteil ist, dass Pferde, die nur gelegentlich im Holz eingesetzt werden, sich mit der Zeichengebung durch die Stoßleine schwertun können. Da sie in erster Linie Kreuz- und Einspännerleine kennen, sind sie oft etwas verwirrt, wenn Zupfen mit dem Kommando „Hott“ rechts und angenommene Leine mit dem Kommando „Haa“ links bedeutet. Dies kann vor

In vorbildlicher Manier schleppt dieser mit Stoßleine gelenkte Percheron einen Stamm auf den Weg.

allem dann vorkommen, wenn durch die Position des Fuhrmanns dabei eher ein Zug auf die entgegengesetzte Maulseite entsteht. Die Pferde brauchen eine Weile, um diese Zupf- oder Zugsignale aus jeder Stellung des Pferdeführers in Verbindung mit den Kommandos zu verstehen. Ein weiterer Nachteil ist die Gefahr, die von mitgeschlepptem Reisig oder Kronenresten für den Pferdeführer entsteht.

Die Ausbildung mit der Stoßleine führt man am besten in einem Intensivkurs durch. In dieser Zeit sollte das Pferd zwischendurch nicht mit anderen Leinenführungen gearbeitet werden. Für diese Methode braucht man sehr viel Geduld. Oft genug wird man zähneknirschend hinter dem Pferd stehen, sich aber beherrschen müssen. Vielen Leuten mag hierfür jedoch die nötige Zeit oder Geduld fehlen.

Trotzdem bleibt die Stoßleine beim Holzrücken die Ideallösung. In der Praxis mit perfekt ausgebildeten Pferden angewandt, kann man sich davon überzeugen. Letztendlich hängt es auch vom Wesen und Ausbildungsstand jedes einzelnen Arbeitspferdes ab, für welche Leinenart man sich entscheidet.

## Gewöhnung des Pferdes an die Rückearbeit

Optimales Geschirr und zweckmäßige Anspannung sind die Grundvoraussetzungen, ohne die man die Ausbildung zum Holzrücken gar nicht erst beginnen sollte:

Zu Beginn der Ausbildung kann man leichtes Brennholz im lichten Laubwald rücken. Das Vertrauen des Pferdes darf auf keinen Fall durch zu schwere Anfangsgewichte gestört werden, auch bei schon wagen- und felderprobten Pferden. Zuerst sollte man neben dem Pferd hergehen, um es zu beruhigen. Dabei muss es möglichst ruhig anziehen und vorwärtsgehen.

Auch ungeübte Pferde erkennen rasch nach einigen Touren, wo die Holzlast hingezogen werden soll. Zu schnell sollten sie dabei jedoch nicht auf den Waldrand zustreben. Je schneller das Pferd dabei eilt und je heftiger das Holz gegen Hindernisse schlägt, desto nerviger kann das Pferd werden. Dies sollte von

Eine kurze Verschnaufpause – Kräftesammeln für die nächste Aufgabe.

- Ein passendes, richtig verschnalltes, vollständiges Kumtgeschirr ist Voraussetzung.
- Die Zugstränge sollten längenverstellbar sein.
- Das stabile, nicht zu schwere Ortscheit muss mit Wirbel und Verkürzungshaken versehen sein.
- Die Rückekette darf nicht zu schwer sein und muss auch zweisträngig gebraucht werden können.
- Die Schlinghaken sollten so geformt sein, dass sie bei Leerfahrt kein Reisig fangen.

Anfang an konsequent vermieden werden. Eine ruhige Gangart ist dabei das Wichtigste.

Nicht unbedingt sollte man sich beim Holzrücken für eine schärfere Zäumung entscheiden, wie beispielsweise für eine Kandare. Sie gehört nur in die Hände eines sehr erfahrenen und sensiblen Holzrückers.

Im Allgemeinen lernen die Pferde recht schnell, mit den besonderen Zugwiderständen bei der Waldarbeit fertigzuwerden. Mit dem Pferd rücken bedeutet jedoch, nicht nur einen Holzstamm anzuhängen, ihn in einem Zug zum Waldrand zu ziehen und dort abzuhängen. Das Holz muss häufig erst aus einer Klemme gezogen werden, dann einige Meter vor, dann zur Seite, um einen stehenden Baum nicht zu verletzen, und wieder nach vorn, bis es an einem Baumstumpf klemmt. Im Querzug muss es freigerückt werden, bis man schließlich die Rückegasse oder den Waldweg erreicht. Hier sollte es möglichst bündig zu den schon abgelegten Stämmen abgehängt werden.

## Ruhe bewahren

Das Rückepferd soll die unterschiedlichen Zugwiderstände, die auftreten können, mit größtmöglicher Ruhe und Gelassenheit meistern, ohne dabei den nötigen Biss für ein energisches Anziehen zu verlieren. Vor allem wenn die Last blockiert, sind viele Pferde verunsichert. Sie möchten schließlich ihre Zuglast möglichst schnell loswerden. Die zum Freiziehen nötige Richtungsänderung wird nur ungern akzeptiert, das Pferd kann unruhig werden. Es geht nur mit Geduld.

In einer solchen Situation kann es das Beste sein, das Pferd einfach stehen zu lassen, bis es zur Ruhe gekommen ist und seine ursprüngliche Absicht, möglichst schnell zur Schneise zu kommen, vorerst vergessen hat. Die meisten Pferde fangen dann recht schnell an, gelangweilt zu fressen oder an einem Ast herumzuknabbern. Schon haben sie sich beruhigt. Auch der Holzrücker selbst sollte gerade in solchen Momenten Ruhe und Gelassenheit ausstrahlen, sich etwa auf einen Stamm setzen und damit den Eindruck erwecken, dass er vom Pferd überhaupt nichts will. Solche Erziehungsmethoden wirken Wunder.

Bei der Rückearbeit gilt:
Langsamer ist schneller.

Viele Pferde, die in solchen Situationen zuerst genervt und ängstlich erscheinen, sind nach einer solchen Zwangspause wie umgewandelt und wieder ansprechbar. Sie setzen mit erstaunlicher Ruhe ihren Weg fort. Man kann sicherlich nicht für jedes Problem, das auftreten kann, ein Rezept liefern. Die Grundeinstellung ist jedoch das Entscheidende. Einfühlungsvermögen und etwas Fantasie sind erforderlich, man muss sich in das Pferd hineinversetzen und seine Denkweise verstehen lernen.

Auch beim routinierten Pferd sollte zu Beginn des Rücketages immer erst mit einigen leichten Schleppen begonnen werden. Die Muskulatur muss sich aufwärmen, das Vertrauen auf die eigene Kraft aufs Neue geweckt und gefördert werden. Schwerste Zugleistungen sollten vor allem bei unerfahrenen Pferden mit besonderem Lob honoriert werden. Der Einsatzwille wird damit ungemein gefördert. Bringt das Pferd eine augenscheinlich leichte Last nicht in Bewegung, sollte sofort überprüft werden, ob die Last festgeklemmt ist. Wer in solchen Situationen das Pferd ohne Überprüfung der Lage unter Druck setzt, bricht sein Vertrauen gewaltsam. Ein aufmerksamer Holzrücker kann sofort an den Reaktionen seines Pferdes erkennen, dass irgend etwas nicht stimmt.

Sollte extreme Zugleistung nötig sein, werden bewusst Pausen eingelegt. Auch das fleißigste Pferd darf hier nicht überanstrengt werden. Ein deutliches Halt-Kommando zeigt dem Pferd, dass es mit seiner Aufgabe nicht allein gelassen wird. Eine kleine Richtungsänderung, Umhängen der Rückekette und das Beseitigen von Schleppgut vor der Last erleichtern dem Pferd den neuen Anzug und bestätigen es in seiner Kraft.

**Zusammenfassung**
**Gewöhnung an die Rückearbeit**

- Ein unerfahrenes Pferd sollte zuerst auf ebenem Terrain in einem lichten Bestand Schwachholz rücken. Wenn das Pferd unruhig wird, muss man mit einem Helfer arbeiten. Zu Beginn wird auch noch die schon bekannten Leinenführung angewandt. Bei vollkommen rohen Pferden geht man am besten mit einem langen, durch die Trensenringe geschlauften Führstrick nebenher am Kopf des Pferdes.
- Nach und nach wird dann immer mehr Bedeutung auf die Kommandos gelegt, bei weiterer Gewöhnung an diese Arbeit kann man auch auf die Stoßleine umstellen. Geringe Lasten, viele Pausen und die allmähliche Steigerung der Arbeitsdauer lassen ein noch ungeübtes Rückepferd behutsam in seine neue Aufgabe hineinwachsen.

## Rückearbeit in Hanglagen

Gerade bei Stammholz liegen die Stämme beim Anziehen oft recht fest. Hat das Pferd sie losgerückt, kommen sie häufig ins Rutschen. Im Zweifelsfall sollte man mit langer Kette arbeiten, um Platz zu gewinnen. Das unerfahrene Pferd muss mit Kommando und Zügelhilfe sofort zur richtigen Seite weggelenkt

Mensch und Tier brauchen bei derartig anstrengender Arbeit wie Holzrücken regelmäßig Pausen und entsprechende Stärkung.

Das ist wirklich „eine starke Truppe".

werden. Im Querzug wird der rutschende Stamm ausgebremst. Schleppgut, das sich vor der Last ansammelt, kann den Stamm ebenfalls vor dem Abrutschen bewahren. Wenn möglich, muss querliegendes, glitschiges Totholz beseitigt oder umgangen werden, ebenso Wurzelanläufe. Jetzt kann es vorteilhaft sein, zwei Stämme zu schleppen, die sich häufig gegeneinander abbremsen.

Niemals darf man die Pferde in ihrer seitlichen Fluchtbewegung hemmen. Sie lernen schnell, dass sie bei locker werdendem Zug zur Seite hin ausweichen müssen. Mit etwas Routine fangen sie den rutschenden Stamm im Seitenzug selbstständig ab und ziehen äußerst geschickt senkrecht gegen den Hang an, selbst wenn sie von einem in Fahrt gekommenen Stamm dabei zwei, drei Meter rückwärts weichen müssen. Wenn das Holz wieder unter Kontrolle ist, wird dann erneut vorsichtig angezogen.

In extremen Lagen sollte man, wenn Pferdeeinsatz überhaupt noch möglich ist, Streifenhaken verwenden. Sie sitzen am Ende der Rückekette und werden mit der Axt ins Holz geschlagen. Durch ihre besondere Form lösen sie sich beim Schießen der Stämme im Moment des Gegenzuges. Verläuft der Transport ohne Probleme, können sie zum Abhängen mit einem Schlag aus dem Holz getrieben werden.

Man kann die normale Rückekette auch um das Zopfende, also das dünnere Ende des Stammes legen. Der am Steilhang sitzende Stamm wird dann vom Pferd gestoßen, bis er abrutscht. Das Pferd tritt seitlich weg, und die Kette streift sich über das dünner werdende Zopfende ab.

Sicherlich kann es auch vorkommen, dass sich in einer derartigen Situation die Kette nicht löst und das Pferd mit seiner ganzen Kraft den Stamm halten muss.

**Gut zu wissen**

Holzrücken ist immer ein besonderes Risiko für Pferd und Mensch. Dies sollte man sich unbedingt bewusst machen. Welche Bestände man sich und dem Pferd zumuten kann, muss jeder selbst verantworten. Übersteigerter Ehrgeiz und Fehleinschätzung von Können und Leistungsfähigkeit werden sich möglicherweise fatal auswirken.

**Allgemeine Sicherheitsratschläge**

- Vor Beginn der Ausbildung von jungen Pferden oder der Arbeit mit erfahrenen Pferden sollte man sich intenisv mit diesem Thema beschäftigen. Vor allem, wer keine Erfahrung hat, sollte vorher Fahrkurse zu belegen.
- Ist ein Pferd vorhanden oder soll eines gekauft werden, muss es von einem Fachmann objektiv auf seine Eignung für die bevorstehenden Aufgaben beurteilt werden.
- Nur stabiles, einwandfreies Geschirr, das zweckmäßig ist und optimal passt, darf verwendet werden. Vorsicht ist bei altem Geschirr geboten.
- Stränge, Ketten, Seile, Ortscheite und Spielwaagen sowie der Arbeitswagen und die Feldgeräte müssen in Größe und Ausführung zur vorhandenen Bespannung passen. Sie sollten stabil genug und absolut funktionstüchtig sein. Besonders wichtig sind hier die Bremsen.
- Wer mit Pferden arbeiten will, sollte mit Freude dahinter stehen und dies ohne falschen Stolz verantwortungsbewusst und überlegt tun.

## Rückehilfsmittel

Rückekarren, die Stammholz vorn anheben und somit weniger Reibung mit sich bringen, wurden früher häufig in schwerem Altholz eingesetzt. Auch heute werden sie noch gelegentlich von Holzrückern benutzt. Der Mechanismus zum Hochwuchten des dicken Stammendes besteht aus einem Hebelsystem oder einer windenartige Konstruktion.

Auch Rückewannen aus extrem stabilem Kunststoff und Rückeschürzen gelten als Alternative zum herkömmlichen Schleppen mit der zwei- oder dreisträngigen Kette, vor allem im Schwachholz.

In der Praxis haben sich sowohl Rückekarren als auch -wannen jedoch nicht durchgesetzt. Zwar hat man mit diesen Rückehilfen geringere Reibung und weniger Baumverletzungen, aber durch die relativ unflexible Handhabung sind beide Hilfsmittel vor allem in engen Durchforstungen jedoch nicht wirklich für den regelmäßigen Einsatz geeignet.

# Möglichkeiten des Pferdeeinsatzes heute

## Private Pferdehaltung

Hier ist die große Zahl der Pferdehalter angesprochen, die ihre Tiere als Freizeitpartner halten. Auf den ersten Blick mag dies nicht gerade einleuchtend sein, wenn gerade hier Möglichkeiten gesehen werden, Pferde im Sinne des bäuerlichen Arbeitens einzusetzen.

Folgende Gründe sprechen dafür: Der Freizeitpferdehalter ist in keiner Weise existentiell auf seine Tiere angewiesen. Er kann ohne einen Erfolgszwang an die Arbeit gehen. Er ist ein Pferdenarr und beschäftigt sich somit gern mit seinem Tier. In jedem Stall fallen diverse Arbeiten an, die üblicherweise vielleicht mit dem Traktor verrichtet werden. Für einen Teil dieser Arbeiten lassen sich die Pferde bestens einsetzen, womit zwei Fliegen mit einer Klappe geschlagen werden könnten. Die Arbeit wird erledigt, das Pferd gleichzeitig beschäftigt und bewegt. Ein gutes Freizeitpferd sollte schließlich ein ruhiges, ausgeglichenes Wesen ausstrahlen und in möglichst vielen Bereichen einzusetzen sein. Warum sollte man es also nicht für Zugarbeiten einsetzen, zumal gerade diese Beschäftigung selbst nervige Pferde zu gelassenen Partnern macht.

Nicht zuletzt sollte in der heutigen Zeit jeder, der sich in seiner Freizeit mit Pferden abgibt, verantwortungsvoll mit der Natur umgehen und hin und wieder das Motto „Lieber Pferdekraft als Motor" berücksichtigen.

In jeder kleineren Freizeitpferdehaltung bietet sich eine ganze Reihe von Möglichkeiten, Pferde zur Arbeit zu nutzen. Die zwei Hauptbereiche sind Versorgung und Entsorgung. Das Pferd braucht Wasser, Futter, Einstreu und eine Weide. Das hauptsächliche Entsorgungsproblem ist für den Pferdehalter, der nicht noch zusätzlich Hobbybauer ist, der Mist, der sich vor allem im Winter anhäuft. Bei begrenzter Weidefläche stellt er auch im Sommer ein Problem dar, da man ihn absammeln muss, um nicht kontinuierlich Weidefläche zu verlieren und um zu starker Verwurmung vorzubeugen.

### Weidepflege

Viele Arbeiten, die bei der Hobbypferdehaltung anfallen, sind ähnlich wie beim Bauern an den Jahresablauf gebunden. Die Pferdeweiden sollten im zeitigen Frühjahr abgeschleppt und gekalkt werden. Die Pferdekoppeln müssen besonders intensiv mit Ringen, Balken oder zusätzlich noch mit dem Striegel bearbeitet werden. Die meisten Geräte lassen sich auf Dörfern noch gut auftreiben. Andernfalls baut man sie selbst. Kalk wird einfach und wirkungsvoll mit dem Kastendüngerstreuer ausgebracht. Auch dieses Gerät findet sich häufig noch auf älteren Höfen. Meistens muss nur die Pferdeanspannung wieder angebaut werden.

Im Frühjahr steht oft das Erneuern und Ausbessern des Koppelzaunes an. Dazu braucht man eine Transportmöglichkeit für Pfähle, Draht, Zaunstangen und Handwerkszeug. Will man sein Pferd für Zugzwecke einsetzen, muss man sich einen passenden Wagen besorgen. Der Acker-, Roll-, Plattform- oder Gummiwagen ist die Basis für die Ausbildung des Pferdes und unentbehrlich für die Vielzahl der Transportarbeiten, die verrichtet werden können.

Am besten eignet sich hierfür ein gummibereifter Plattformwagen mit Klappbracken. Eine Federung ist nicht unbedingt nötig, bei häufigem Gebrauch zahlt sie sich jedoch schnell aus. Ob der Unterbau aus Holz oder Eisen ist, bleibt gleich, solange er stabil genug ist. Wagen mit hölzernem Untergestell findet man ohnehin selten. Möglichst hohe Räder sind vor allem in

Viele Stunden harter Arbeit während eines Jahreslaufs für Mensch und Pferd – trotzdem macht es immer wieder Spaß, wie hier, beim Kartoffelsetzen im Frühjahr.

unebenem Gelände vorteilhaft. Auch ein Kutschbock in passender Sitzhöhe mit stabilem Fußbrett und einer Geländerstange sollte vorhanden sein. Da man als Fahrer auf die rechte Seite des Kutschbockes gehört, müssen die Bremskurbel oder der Schwenkhebel sowie der Peitschenhalter dort angebracht sein.

Die Abmessungen und das Gewicht des Wagens müssen zu dem vorhandenen Pferd passen. Im Flachland können schwerere Wagen eingesetzt werden als in bergigen Gebieten. Hier kann beispielsweise ein gummibereifter Plattformwagen mit den Maßen 1,50 × 3,20 m und einem Gewicht von etwa 600 kg noch gut eingesetzt werden. Bei mittlerer Belastung werden entweder zwei leichte Warmblüter oder ein mittelschwerer Kaltblüter benötigt. Den Vergleich von Gespanngewicht zu Lastgewicht unter verschiedenen Geländevoraussetzungen (S. 107) sollte man sich immer wieder vor Augen führen.

Mit dem Arbeitswagen ist man jedoch nicht nur in der Lage, Werkzeug und Material zu transportieren. Gerade zum Einschlagen von Pfählen ist der Wagen als erhöhte Arbeitsplattform ideal. Sind längere Zaunabschnitte zu setzen, bohrt man die Pfahllöcher mit einem eisernen Stichel vor. Dann werden die Pfähle eingesetzt und aus der erhöhten Position vom Wagen aus relativ bequem eingeschlagen. Disziplin der Pferden ist natürlich wichtig. Sie müssen absolut stillstehen und dürfen nicht vor dem Hammerschlag erschrecken. Das Hauptproblem liegt jedoch meist in der ungeheuren Gier auf junges Grünfutter um diese Jahreszeit. Selbst disziplinierte Altpferde verleitet saftiges Gras zu dem ein oder anderen Schritt nach vorn. Für diese Notfälle kann man einen einfachen Strick als Aufsatzzügel am Geschirr anbringen. In solchen Situationen ist er ganz hilfreich, auch wenn im Allgemeinen von seinem Einsatz abgeraten werden sollte.

Im Laufe des Frühjahrs bietet sich oft die Möglichkeit, Gras von kleinen Grundstücken zu mähen. Dazu sollte man Sense statt Balkenmäher verwenden. Den Transport kann wiederum das Pferd mit dem Wagen erledigen. Es hat damit eine sinnvolle Beschäftigung, und der Pferdebesitzer ist zufrieden.

Stehen nur kleine Weiden zur Verfügung, sollten wöchentlich die Misthaufen abgesammelt werden. Auch hier kann sich das Pferd nützlich machen.

Wer mehrere Pferde besitzt oder sogar züchtet, hat oft etwas weiter entfernt gelegene Weiden, die mit Wasser oder Futter versorgt werden müssen. Für die Wasserversorgung kann man entweder kleine Wasserfässer mit 200 oder 500 l Inhalt, die auf einem Rahmen mit einer Achse liegen, mit einer einfachen Deichsel hinten am Arbeitswagen anhängen oder einige größere Kanister auf den Wagen stellen.

Abgesehen von diesen Arbeiten, die mit der Haltung von Pferden zusammenhängen, können auch andere Transportaufgaben mit Pferd und Wagen erledigt werden. Ob nun Gartenabfall oder Baumaterial, Kaminholz oder Erdaushub transportiert werden müssen, oft eignen sich Pferde gerade wegen ihrer bodenschonenden Geländegängigkeit recht gut dafür.

## Heuernte

Mit dem Sommer kommt die Zeit der Heuernte. Inwieweit man nun seine Pferde einsetzen kann, hängt von vielen Faktoren ab. Wer sein Heu ab Feld kauft, kann es gleich dort mit dem Pferd abholen. Voraussetzung ist natürlich, dass die Entfernung nicht allzu groß ist.

Wer selbst Heuwiesen besitzt, hat eine Menge Möglichkeiten, die Pferde bereits bei der Heuwerbung einzusetzen. Mit einem intakten Grasmäher beginnt die Arbeit – das Mähen ist sicherlich die schwerste Aufgabe für die Pferde. Sie sollten dafür in guter Kondition, zugfest und das Arbeiten gewohnt sein. Die Maschine muss optimal eingestellt sein (S. 61). Für einen Morgen Grünland rechnet man etwa mit anderthalb Stunden Mähzeit.

Am besten wird früh morgens oder spät abends gemäht, um der Tageshitze und allzu starker Insektenplage auszuweichen, auch wenn die Schnittqualität wegen der Taubildung schlechter ist.

Anschließend wird der Wender eingesetzt, um das auf Schwaden abgelegte Mähgut aufzulockern und zu verteilen. Man kann auch das erste Mal von Hand wenden (S. 65). Dabei wird dafür gesorgt, dass das geschnittene Gras gründlich verteilt wird. Bei den anderen, eher seitlich wendenden Maschinen wie Trommelheuwender oder Spinne erübrigt sich das „Loswenden“. Gerade die Wendearbeit kann fast von allen Pferdetypen erledigt werden, wenn sie nervenstark genug sind, vor allem das Geklapper des Gabelwenders zu akzeptieren. Nur wer sein Pferd gut kennt und überzeugt ist, dass es dieser Belastung gewachsen ist, sollte den Schritt wagen. Leichte Pferde sind es oft gewohnt, nur im Zweispänner zu arbeiten. Wenn jetzt eines allein vor den Wender muss, kann auch dies problematisch werden. Der Gabelwender ist ja das einzige Wendegerät, das nur einspännig eingesetzt wird. Die anderen Heuwender können auch zweispännig betrieben werden.

Die Wendearbeit ist gegenüber dem Mähen eher angenehm, mit zunehmender Trockenheit des Grases wird das Wenden immer leichter. Für den Pferdelenker ist diese Arbeit eher langweilig, weil im Gegensatz zum Mähen oder anderen landwirtschaftlichen Arbeiten seine Aufmerksamkeit nur so weit gefordert wird, dass halbwegs genau Bahn an Bahn gewendet wird. Trotzdem lässt sich auf diesem federnden Sitz recht angenehm „kutschieren“. Abends wird das Gras auf Schwaden gebracht (S. 66). Jetzt ist der Pferderechen oder Schlepprechen an der Reihe. Beim Pferderechen muss aufgepasst werden, dass ein gerader Schwad in gleicher Dicke abgelegt wird. Beim Schwadrechen taucht dieses Problem nicht auf, weil ein Längsschwad in Fahrtrichtung entsteht, im Gegensatz zum Querschwad beim Korbrechen.

Etwas schwierig wird es am nächsten Tag beim Ausbreiten der Schwaden, wenn man nur den Gabelwender zur Hand hat. Früher wurde in den Kleinbetrieben, die den Gabelwender benutzten, überwiegend von Hand gebreitet. Man gab sich ohnehin nicht mit

Schwaden zufrieden, sondern legte grundsätzlich Heukegel an, um die Oberfläche vor der Nacht noch mehr zu verringern und den Schwitzprozess zu verstärken. Dadurch sollte die Heuqualität besonders gut ausfallen. Diese Kegel konnten sowieso von keiner Maschine verteilt werden, der Gabelwender genügte den Ansprüchen damit. Sowohl der Trommelheuwender als auch der Spinnradwender und die Kombinationsmaschine (Schwadwender) können Schwaden ausbreiten.

Wer große Scheunen hat und ganz traditionell ernten will – und vor allem die dazu nötige Mehrarbeit nicht scheut – kann ungefähr am dritten Tag nach dem Schnitt Schwaden ziehen und einfahren. Man kann das Heu auch vorher noch auf Reuter packen, damit es gut abtrocknet. Ob lose eingefahren oder gepresst wird, hängt von den Lagermöglichkeiten ab. Heupressen, die mit Pferden betrieben werden, gibt es derzeit nur in Amerika. Bei uns dürfen die Pferde noch die Schwaden für die Presse ziehen und warten dann auf die fertigen Ballen.

Entschließt sich der Pferdehalter für Großballen im Rund- oder Eckformat, ist das Feld ab jetzt für die Maschineneinsätze zu räumen. Man kann zwar auch noch Rundballen auf einen größeren Wagen von Hand über Stangen hochrollen, dies wird aber selten praktiziert. Lässt man dagegen kleine Ballen pressen, eignet sich der pferdegezogene Plattformwagen mit leicht schräg nach oben geklappten Bracken hervorragend als Transportgerät. Schon zu zweit kann gut geladen werden. Einer packt, der andere gabelt auf und fährt gleichzeitig die Pferde vom Boden aus vor. Besser ist es, wenn noch ein Dritter die Pferde vom Bock aus lenken kann.

Während der Heuernte bieten sich somit eine Vielzahl von Möglichkeiten, die Pferde einzusetzen. Ob ein Freizeitpferdehalter jede sich bietende Gelegenheit wahrnimmt, hängt davon ab, ob er die Geräte dazu hat und ob er diese Arbeiten sich und seinen Pferden zutraut.

## Transportarbeiten und Weidepflege

Auch während der übrigen Zeit fallen immer wieder Transportarbeiten und andere Einsatzmöglichkeiten für Pferde an, wie beispielsweise die Weidepflege nach dem Umtrieb. Geilstellen müssen ausgemäht werden. Das geknickte und teilweise zertrampelte Gras mäht sich zwar nicht unbedingt gut, aber mit richtiger Einstellung des Messerbalkens (S. 62) ist es kein Problem. Einerseits muss er in tiefster Stellung so flach wie möglich geführt werden. Die Richtung der Finger sollte aber – etwas übertrieben ausgedrückt – himmelswärts zeigen. So arbeitet sich der Mähbalken erstaunlich gut auch durch schwierige Stellen. Dass er gelegentlich verstopfen kann, damit muss man sich abfinden. Gerade beim Ausmähen soll sich auch der Grobschnittbalken gut bewähren.

Mit dem Schlepprechen kann das Mähgut gesammelt und anschließend mit dem Wagen abgefahren werden. Danach kann ein Abschleppen mit der Netzegge nicht schaden. Damit wird die Grasnarbe durchlüftet und losgetretene Grassoden eingeebnet. Der Mist muss natürlich vorher abgesammelt werden, sonst steigt die Verwurmungsgefahr unnötig.

Zur Stroherntezeit sind oft Ballen günstig ab Feld zu bekommen. Meistens können sie nach Absprache direkt von der Presse weg aufgeladen werden.

## Konditionstraining

Auch für leistungsbetontere Pferdehalter wie etwa Distanzreiter und -fahrer kann die Zugarbeit einen wertvollen Ausgleich für das übrige Training bieten und dazu noch Kondition aufbauen. Arbeitseinsätze, bei denen sich längeren Pausen mit großer Anstrengung abwechseln wie beim Be- und Entladen sind durch kein Training nachzuahmen. Viele nervige Pferde profitieren davon, bekommen ihre Beschäftigung und werden zunehmend gelassener. Selbstverständlich erfordert der Arbeits-

Ganz traditionell wird hier Heu geerntet. Man darf vermuten, dass das Gespann für den Fototermin extra „herausgeputzt" wurde.

einsatz von Pferden auch ein gewisses Fingerspitzengefühl des Pferdehalters, der einschätzen muss, wann seinem Pferd vielleicht auch zu viel zugemutet wird.

Ein Pferdebesitzer, der genügend Flächen zur Verfügung hat, kann natürlich zur Selbstversorgung auch Gemüse, Kartoffeln, Brotgetreide, Futtergetreide und Rüben anbauen. Mit der richtigen persönlichen Einstellung kann dies auch von einem berufstätigen Menschen in der Freizeit bewältigt werden. Bis auf wenige Ausnahmen, wie zum Beispiel dem Einsatz des Mähdreschers, kann man bei der Bewirtschaftung vollständig auf Motorkraft verzichten. Mancher Bauer ist möglicherweise einem Tauschgeschäft nicht abgeneigt, wenn ihm im Gegenzug für den Mähdrusch die Kartoffel- und Maiskulturen mit der Pferdehacke bearbeitet werden.

## Konventionelle Landwirtschaft

Konventionell wirtschaftende Landwirte haben nur in sehr beschränktem Maß die Möglichkeit, Pferde auf dem Betrieb einzusetzen. Der Leistungsdruck ist zu hoch, die zur Verfügung stehende Zeit zu knapp. Sicherlich können in kleinerem Rahmen auch auf diesen Betrieben Pferde eingesetzt werden. Kleine Transportarbeiten, ein Teil der Feldarbeiten und Weidepflege wären möglich. Der Nutzen für Boden und Kulturen, der energiewirtschaftliche Aspekt und auch der erzieherische Wert für die Pferde sind nicht zu bestreiten.

## Biologische Wirtschaftsweise

Ein Hauptanspruch der biologisch-dynamischen Landwirtschaft ist das Streben, möglichst eine Kreislaufwirtschaft zu betreiben. Mit einem umfangreichen Pferdeeinsatz käme man diesem Bestreben ein gutes Stück näher. Das Pferd zieht seine Energie aus Pflanzennahrung und hilft selbst mit, diese anzubauen und zu verbessern. Damit ist es ein entscheidendes Element in einem Energiekreislauf, der unabhängig ist.

Dagegen steht auch in den Biobetrieben die Wirtschaftlichkeit. Rationelle und personalsparende Arbeitsweise ist auch hier ein Muss, sodass sich der Pferdeeinsatz, wenn überhaupt, bisher meist nur auf einige Bereiche beschränkt. Da auf Herbizideinsatz ganz verzichtet wird und boden- und kulturschonende Arbeitsweisen groß geschrieben werden, ist der Einsatz des Pferdes zum Striegeln und Hacken, also zu allen Pflegearbeiten, fast schon verpflichtend. Auf manchen Biohöfen werden die Felder für den Gemüseanbau komplett nur mit Pferdekraft bearbeitet. Auch Transportarbeiten in Hofnähe und die Waldarbeit gehören mit zu den Arbeiten, die einige alternativ wirtschaftende Bauern mit Pferden verrichten.

### Neue Geräte

Eine hoffnungsvolle Perspektive für Biohöfe, die dem Pferdeeinsatz positiv gegenüberstehen, sind die modernen Pferdegeräte, die in Amerika und der Schweiz hergestellt werden. Ältere Gerätetypen werden heute mit leichteren Materialien hergestellt und technisch verbessert. Es gibt daneben auch ganz neue Konstruktionen zur effektiveren Ausnutzung der

Für jeden Pferdehalter, der seine Pferde über das Freizeitreiten und -fahren hinaus noch zur Arbeit heranziehen will, sind zahlreiche Einsatzmöglichkeiten gegeben. Man soll nicht meinen, unsere Pferde wären heutzutage zu schade für derartige Arbeitseinsätze. Wahrscheinlich wären viele recht dankbar, auf diese Weise zusätzlich bewegt und beschäftigt zu werden. Stundenlangem Herumstehen in Boxen oder kleinen Paddocks ist diese Arbeit allemal vorzuziehen.

Pferdekraft, wie zum Beispiel die Vorderwagen. In Amerika werden sie schon serienmäßig gebaut, in der Schweiz und vereinzelt auch in der Bundesrepublik entweder vertrieben oder auch von einigen Idealisten und Praktikern selbst hergestellt. Bodengetriebene Zapfwellen und eine hand- oder motorgetriebene Dreipunkthydraulik ermöglichen den Einsatz leichter bis mittlerer Schleppergeräte. Hier sind vor allem Doppelmessermähwerk, Kreiselschwader und Wender schon bekannt. Aber auch Geräte zur Bodenbearbeitung können betrieben werden.

Zwar ist mit diesen Geräten eine rationellere Arbeitsweise möglich, jedoch schafft sie im Gegenzug wiederum erhöhten Zugkraftbedarf. Trotzdem wird der Einsatz der Vorderwagen auch bei uns populärer. Abgesehen von den vielseitigen Vorderwagen gibt es auch Spezialgeräte wie Miststreuer, Ladewagen, Doppelmessermähwerk mit Aufbaumotor und verbesserte Geräte für den Pflegeeinsatz.

Um eine fast vollständige Kreislaufwirtschaft zu betreiben, wären die technischen Voraussetzungen schon gegeben. Es bleibt nun zu hoffen, dass sich die alternative Landwirtschaft noch stärker etabliert, wozu Wirtschaft, Politik und die Einstellung der Gesellschaft eine Basis bilden müssen.

## Einsatz moderner landwirtschaftlicher Geräte

Spätestens 1960 wurde die Weiterentwicklung und Produktion der gebräuchlichen Pferdegeräte und Maschinen vollständig eingestellt, und Mitte der 1960-Jahre hätte kein Mensch mehr für möglich gehalten, dass in Deutschland das Arbeitspferd noch einmal eine Renaissance erleben würde. Auch wenn dies für einen nicht aus der Szene stammenden eher schwer erkennbar ist, so beweist die Gründung einer „Interessengemeinschaft Zugpferde IGZ“ Anfang der 1990er-Jahre, mit stetig steigenden Mitgliederzahlen und mittlerweile bundesweiten Unterverbänden, dass ein großes Interessenpotenzial – ob nun von Voll- oder Nebenerwerbslandwirten, Forstbetrieben oder Hobbynutzern – wieder vorhanden ist. Regelmäßig durchgeführte Arbeitspferdeveranstaltungen mit Holzrücken oder Feldarbeiten und Zugleistungsprüfungen sprechen für sich.

In diesem Zusammenhang kommen die Pferdenutzer heute mit dem Gebrauch der traditionellen, immer noch in begrenzter Zahl und Güte vorhandenen Pferdegeräte, schnell an ihre Grenzen. Zum einen leiden die noch brauchbaren Geräte unter oftmals gar nicht oder nur schwer zu reparierendem Verschleiß.

Beim Kartoffeln aufdämmen. Die auf 1,20 m angespannten Pferde laufen von sich aus exakt in den Reihen.

Auch Kleinpferde wie dieser Norweger können Ackerarbeiten erledigen.

Zum anderen genügen die zu vergangenen Personal- und Wirtschaftsverhältnissen passenden Geräte heutigen Ansprüchen kaum noch. Auch wer mit Pferden arbeiten will, unterliegt den Zwangskriterien unserer modernen Wirtschaft: begrenzte Zeit und begrenztes Personal bei dennoch genügender Leistung.

Lösungsmodelle für die Handhabung dieser Problematik kommen zuallererst aus Amerika, vor allem durch die immer populärer werdenden Amish People, die in ihrem bewusst angestrebten bäuerlichen Leben ausdrücklich auf moderne Technik, wie sie aus unserer industrialisierten Landwirtschaft bekannt ist, verzichten. Das hindert sie aber nicht daran, seit jeher Pferdegeräte zu verbessern oder neue zu entwickeln. Allgemein scheint im amerikanischen und kanadischen Raum die Offenheit für Pferdeeinsatz und Entwicklung alternativer Pferdegeräte, auch in der nicht amischen Landbevölkerung, weit mehr vorhanden zu sein als speziell in Deutschland. Doch mannigfaltige Krisen in der Landwirtschaft sowie die immer bedrohlicher werdende Energieknappheit lassen deutliche Ansätze im Umdenken erkennen. Auf den Veranstaltungen des Verbands kommen hierzulande bisher oft als Hobbybastler bezeichnete Idealisten in die Lage, ihre neu entwickelten bzw. aus dem Ausland erworbenen, modernen Pferdegeräte vorstellen zu können.

## Der Vorderwagen

Die Nutzung von Vorderwagen stellt einen entscheidenden Fortschritt dabei dar, die Pferdekraft effektiver und flexibler einsetzen zu können. Im amerikanischen Raum sind einfache Vorderwagen als einachsiges Gefährt mit Sitz- oder Standmöglichkeit für den Kutscher, mit Anspannungsvorrichtung für die Pferde und einer Anhängermöglichkeit für Wagen oder Gerät schon lange im Gebrauch. Sie ermöglichen im Arbeitsablauf, verschiedene Geräte oder Wagen nur durch Umhängen und nicht durch Umspannen zu nutzen.

Da die Verfügbarkeit kleiner bis mittlerer Schleppergeräte, sogenannte „Kategorie I", eher gegeben ist, als die Möglichkeit verschlissene Teile oder ganze traditionelle Pferdegeräte zu ersetzen, ist die Umstellung auf die Schleppertechnik nahe liegend.

Eine Zeit lang war man darauf fixiert, durch Bodenantrieb eine Zapfwelle zu bewegen – sie stellt das genormte Kraftübertragungselement für Schleppergeräte dar. Das bringt allerdings den Nachteil der alten Pferdetechnik mit sich: der bewegungsabhängige Kraftfluss. Außerdem reicht zum Gebrauch schwerer Geräte, z. B. der Ballenpressen, der Bodenantrieb nicht mehr aus. Der Vorderwagen müsste unverhältnismäßig schwer sein, um das Durchrutschen bei hohem Kraftaufwand zu vermeiden. Trotzdem sind solche Wagen in Gebrauch. Zum einen wegen der oben beschriebenen flexiblen

Umhängemöglichkeit, zum anderen bieten solche Vorderwagen zumeist eine handhydraulisch betriebene Dreipunktanlage. Ihr Gebrauch stellt einen großen Vorteil dar beim Ausheben verschiedener Geräte zwecks Transport zum Arbeitsplatz oder während des Arbeitsverlaufs: Zum Beispiel, um beim Striegeln am Feldende schonender zu wenden. Das schädliche Quer-über-die-Kultur-Ziehen bleibt aus. Einen weiteren Vorteil zumindest beim Bearbeiten großer Flächen ist die Sitzmöglichkeit. So können auch die klassischen Feldgeräte Striegel, Grubber und Egge, die traditionell immer vom Boden aus gefahren wurden, im Sitzen benutzt werden.

Um aber eine breitere Palette an Geräten nutzen zu können und einem erhöhten Kraftaufwand gerecht zu werden, bietet ein Aufbaumotor eine geeignete Lösung. Der passend ausgelegte Motor treibt das Gerät oder die Maschine unabhängig vom Arbeitstempo des Gespanns an, das nur noch für die Fortbewegung sorgt. Entsprechend der individuellen Nutzungsabsicht wählt der Betreiber einen passenden Motor bzw. einen Vorderwagen, der den für seine Arbeit genügend starken Hilfsmotor trägt. Die Motoren werden im Bereich von ca. 8 bis 25 PS verwendet. Es handelt sich bei allen bisher verwendeten Motortypen um Viertaktbenzinmotoren unterschiedlicher Fabrikate. Für die Zukunft wäre ein leichter Dieselmotor, der mit Rapsöl betrieben werden kann, wünschenswert. Damit käme man dem Gedanken einer umweltschonenden, von fossiler Energie unabhängigen Kreislaufwirtschaft noch näher.

Abgesehen von Manufakturen der Amish People, die sich in den letzten Jahren auch vermehrt den Vorderwagen und Aufbaumotoren zuwenden, ist im europäischen Raum der Engländer Charlie Pinney von Anfang an ein Vorreiter auf dem Gebiet der Vorderwagentechnik. Von einfachsten, trotzdem sehr funktionellen Anfangskonstruktionen hat er über immer wieder verbesserte Modelle mittlerweile einen ausgefeilten Prototyp entwickelt, den er das „Pinton Triple System" nennt. Es handelt sich dabei um drei Elemente, die man miteinander kombinieren kann. Die Basis bildet ein Vorderwagen, an den ein Dreipunktanhänger mit Zapfwellenanschluss gekoppelt werden kann. Das dritte Bauelement bildet der Aufbaumotorblock mit Hydraulikanlage und Plattform für den Fahrer. Je nach Einsatzbereich können Teile weggelassen oder angebaut werden.

Als Bespannung muss man von zwei mittelschweren (ca. 700 kg) Pferden ausgehen. Je nach Größe und Breite sowie entsprechendem Kraftbedarf genügen auch leichtere Pferde.

Auch dreirädrige Vorderwagen kann man immer wieder sehen. Unter der Fahrerplattform befindet sich dabei vorne ein flexibles Stützrad. Einerseits enorm wendig sind diese Wagentypen andererseits für Arbeiten, wo Erntegut oder Kulturen mittig überfahren werden müssen, nicht gut geeignet. Für Konstrukteure ist es immer noch eine große Herausforderung den vielfältigen Bedingungen des landwirtschaftlichen Betätigungsfeldes gerecht zu werden.

Ein „Tüftler" aus dem Siegerland hat neben größtmöglicher Wendigkeit auch noch verschiedene Verstellmöglichkeiten an seinem Wagen angebracht. So kann er mit dem Gerät nicht nur unterschiedlichen Gespanngrößen optimal gerecht werden, sondern auch noch die Gewichtsbelastung durch den Fahrer oder eventuelle Mitfahrer berücksichtigen.

Der sehr leicht gebaute Wagen besteht aus einem separat zu nutzenden Vorderelement zum Anhängen einfacher Geräte im Sinne der ursprünglichen Nutzung. Eine weitere Achse, die den Dreipunkt trägt, kann auf einfache Weise angekoppelt werden. Die am vorderen Teil vorhandene Hydraulikanlage wird elektrisch oder von Hand betrieben und über normale Kupplungen mit dem Dreipunkt verbunden. Das Besondere an diesem Zweiachser ist, dass der Hinterwagen durch separate Lenkung exakt der Spur des vorderen Räderpaares folgt. Damit sind Wendungen fast auf den

Charlie Pinney beim Vorführen seines neuesten Vorderwagens.

Punkt möglich, ein enormer Vorteil bei Arbeiten, die Spur an Spur erfolgen, z. B. beim Drillen. Auch die vollständige Bearbeitung von Feldrändern und Ecken mit Kultivator oder Egge ist so möglich.

Um beim Gebrauch ohne den Nachläufer das auf die Deichsel wirkende Gewicht des Fahrers oder eventueller Mitfahrer auszugleichen, kann die Fahrerplattform vor- oder zurückgekurbelt werden. Damit und mit einem höhenmäßig variabel einzustellenden Zugansatzpunkt kann man einem großen oder kleinen Gespann optimal gerecht werden. Die Zapfwellenvorrichtung ist momentan nur mit Aufbaumotor zu betreiben. Die Möglichkeit zum Bodenantrieb ist in Planung. Durch 16-Zoll-Bereifung ist ausreichend Bodenfreiheit auch zum Überfahren, z. B. eines Heuschwads, vorhanden.

Die neuesten Vorderwagen vereinen schon viele Anforderungen zur modernen Nutzung natürlicher Pferdestärken, aber die Entwicklung auf diesem Gebiet scheint sich hier in Europa momentan erst „warmzulaufen“. So kann in Zukunft mit weiteren Fortschritten gerechnet werden. Dies ist angesichts von Energieverknappung und Klimakatastrophe nur wünschenswert.

Mittlerweile sind klare Entwicklungstendenzen erkennbar. Der Gebrauch eines Vorderwagens wird grundsätzlich populärer. Was die oben beschrieben Gebrauchstypen angeht, rückt ganz klar der Vorderwagen mit Aufbaumotor in den Mittelpunkt.

In Europa fertigt und vertreibt oben genannter „Tüftler“ aus dem Siegerland einen Wagen, der soweit entwickelt ist, dass er genau die Ansprüche erfüllt, die an einen möglichst vielseitig zu nutzenden Vorderwagen gestellt werden. Ein Basisvorderwagen kann 1-, 2-, 3- und 4-spännig gefahren werden, ein Dreipunkt-Geräteträger wird bei Bedarf angehängt. Zusätzlich kann dieser Vorderwagen mit einem leicht auf- und abzubauenden Motor ausgerüstet werden. So kann man dann problemlos der Zugkraft des Gespanns angepasste Schlepper, Anbaugeräte ohne Umbau einsetzen.

Der Motor stellt eine Art „Brückentechnologie“ dar, die die Einsatzmöglichkeiten des Pfedegespanns mit dem Vorderwagen enorm erhöhen. Zum Beispiel wird über den Gebrauch landwirtschaftlicher Geräte hinaus das Betreiben von Holzspalter, Kreissäge, Wickelmaschine, Pfahlbohrer und anderem ermöglicht.

Wenden wir dabei nochmals den Blick nach Amerika, speziell zu den Amish, die für uns so etwas wie ein Indikator für die Entwicklung moderner Pferdegeräte darstellen. Auch bei ihnen können wir die Richtung hin zum vielseitigen Vorderwagen mit Aufbaumotor beobachten. Ohnehin mit großen Mehrspännern vertraut, betreiben sie teilweise Vorderwagen mit gigantischer Technik, auch mit großen Motoren ausgerüstet.

Genau hier setzen die Kritik und die Bedenken an, die jeder nachhaltig- und ökologisch denkende Mensch bei diesem Thema verspürt. Die Pferdekraft als Symbol für umweltschonende Kreislaufwirtschaft hier, der Verbrennungsmotor dort, nach wie vor angewiesen auf begrenzte Ressourcen und umstrittenen Biokraftstoff. Keine Frage, der Vorderwagen braucht den Vergleich mit entsprechendem Schlepperdirekteinsatz nicht zu scheuen, längst belegt mit klaren Fakten. Aber die umweltfreundliche Glaubwürdigkeit leidet und die Argumentationsbasis für modernen Pferdeeinsatz wird dünn.

Für die Amish rationalisieren sich mit den leistungsstarken Maschinen zu viele Arbeitsplätze weg und für den Europäer, der nur mal so darauf schaut, etwa bei einem „Fuhrmannstag", verträgt sich da irgend etwas nicht in seiner Vorstellung vom Pferdeeinsatz, wenn gleichzeitig ein Motor knattert.

Trotzdem steht diese Technologie im Trend und ihr Wert sollte nicht unterschätzt werden. Abzusehen ist, dass sich langfristig bodengetriebene Spezialgeräte in Direktanspannung oder mit einfachen Vorderwagen gezogen eher etablieren werden. So erscheinen neuerdings sehr einfache und leistungsstarke Mäher, Wender und Schwader auf dem Markt, teilweise nach alten Vorgaben verbessert, „neu aufgelegt", wie ein leistungsfähiger Sternradrechen, ein Schubrechenschwader, aber auch abgewandelte, auf Bodenantrieb umgebaute Kreiselschwadertypen.

Sicher ist, dass in der Entwicklung moderner Pferdetechnik eine ungeheure Dynamik steckt. Sie lässt erkennen, dass der Einsatz von Arbeitspferden in Industrieländern aus der nostalgischen Versenkung auftaucht. Sie entwickelt sich zu einer beachteten Alternative, eingereiht in die Möglichkeiten zur Bewältigung der Probleme unserer modernen Zeit, wie Klimawandel, Umweltverschmutzung, Ressourcenschwund und Energieknappheit.

Doch das soll nicht heißen, dass sich gerade ältere Menschen nicht mehr an einem historisch aufgemachten Gespann erfreuen dürften. Im Gegenteil, vielen Menschen eröffnet sich gerade über die Nostalgie-Schiene eine erste Tür zum Gebrauch eines Pferdes zu Arbeitszwecken. Die weitere Entwicklung kann dann ohne Weiteres in einen effektiven Einsatz, auch unter Gebrauch moderner Geräte, einmünden.

## Direkt zu nutzende moderne Pferdegeräte

Was allgemein als ein modernes Pferdegerät angesehen wird, ist in Wirklichkeit schon ca. 100 Jahre alt.

### Der bodengetriebene Miststreuer

In einer bewährten, robusten Bauweise wird er in zwei Grundtypen überwiegend von amischen Manufakturen gebaut. In jedem Fall ist Streuwerk und Kratzboden getrennt schaltbar. Der Vorschub des Kratzbodens ist nochmals stufenweise zu regulieren.

Bei dem ersten Bautyp handelt es sich um einen zweiachsigen Streuer mit Deichsel und Achsschenkellenkung, der direkt vom Gespann gezogen wird. Der Fahrer kann stehend oder sitzend die Pferde lenken. Dieser Bautyp ist als reines Gespanngerät gedacht.

Die zweite Bauart ist ein einachsiger Wagen, der an einem pferdegezogenen, einfachen Vorderwagen, aber auch an einen Schlepper angehängt werden kann.

Grundsätzlich haben alle Streuertypen eine längs rechteckige Grundform, mit für uns Europäer ungewöhnlich hohen Seitenwänden. Bei mittleren und großen Ausführungen sind drei liegende Streuwalzen angebracht, bei den kleinen nur noch zwei bzw. eine.

In der Normalausführung mit den drei Walzen arbeiten die zwei übereinandergelagerten gegenläufig, zerraspeln mit ihren Stahlzacken den Mist und fördern ihn auf die dritte Walze, die durch schaufelartige und nach außen weisende Streuschaufeln ein gewisses Breitwerfen des Streugutes vornehmen. Streuer gibt es von knapp einem bis ca. vier Kubikmeter Ladevermögen. Entsprechend variiert die Anspannung von Ein- bis Dreispänner.

Im Gebrauch wird der bauliche Unterschied zwischen dem Vorderwagenstreuer und dem direkt anzuspannenden Gerät sehr auffällig. Der am Vorderwagen angehängte Streuer ist deutlich wendiger als der mit Achsschenkellenkung versehene Gespannstreuer. Dieser muss auf kleinen Flächen in engen Wendungen mit ziemlicher Pferdegewalt in die Kurve geschoben bzw. gezogen werden. Dass die Vorderräder nach Erreichen des maximalen Einschlags rumgeschleift werden, bleibt nicht aus. Deichsel, Spurstangen und Achse sind aber vom Hersteller für diese wohl eingeplante Belastung entsprechend massiv ausgelegt. Der angehängte einachsige Streuer funktioniert in engen Wendungen wie mit Knicklenkung und ist für Zugtiere und Gerät angenehmer. Wer sich einen Streuer anschaffen will, sollte seine Flächenverhältnisse dabei berücksichtigen. Die gängige Anspannung sind zwei kräftige Pferde, eventuell drei, wenn ein schwächerer Pferdetyp oder die Geländeverhältnisse es erfordern. Bei erstmaliger Inbetriebnahme mit nicht daran gewöhnten Pferden sollte man sich auf ein gewisses Erschrecken der Tiere gefasst machen. Die Geräuschentwicklung von Streuwerk und Kratzboden kann nervöse Pferde ängstigen. Allerdings wirken Gewicht und Mechanik des Streuers, vor allem auf den ersten Metern, sehr stark fluchttriebeinschränkend. Wird das Gefährt mit zunehmender Strecke immer leichter, so haben in aller Regel arbeitsgewohnte Pferde schon längst begriffen, dass keine Gefahr droht.

Obwohl der Miststreuer in der beschriebenen Form schon ca. 1910 in Amerika bekannt war, stand der Gebrauch in Deutschland bis Anfang der 1950er-Jahre kaum zur Debatte. Die geografischen und sozialen Strukturen erübrigten vor allem in Westdeutschland seinen Einsatz.

Ostdeutsche Großgrundbesitzer sollen sich wohl in den 1930er-Jahren mit dem Einsatz des Miststreuers auf den großen Gütern auseinandergesetzt haben. Doch um auch im arbeitsstilleren Winterhalbjahr die große Zahl der Landarbeiter zu beschäftigen, hat man grundsätzlich vom Gebrauch eines Miststreuers abgesehen. Es war daher auch eine Form Arbeitsplätze zu erhalten, die allerdings nur auf dem damals anderen Kostenniveau möglich war.

Der reine Gespannmiststreuer und die folgenden Geräte sind genau wie die traditionellen Pferdemaschinen für einen bestimmten Zweck gebaut und ohne ein Zwischenelement zu gebrauchen. Zusätzliches Gewicht fällt allerdings nur bei einer Funktion weg.

Ein hervorragendes, sehr gut funktionierendes Gerät ist der Kreiselschwader, der mit Bodenantrieb, gelegentlich auch mit Aufbaumotor, gebraucht wird. In Amerika und in der Schweiz werden diese Maschinen von verschiedenen Firmen gebaut. Es gibt leichte Geräte, die mit einspännigem Zug auskommen, und schwere zweispännige, vor allem wenn die Kraft über den Bodenantrieb kommt. Die Arbeitsbreite beträgt 3 bis 3,5 m. In der Schweiz gibt es mehrere Betriebe, die Heuwerbung mit modernen Schwadern und Wendern bestreiten, wobei die Kreiselwender meist mit

Der Kreiselschwader, angetrieben über einen „HISKO"-Vorderwagen mit Aufbaumotor, leistet saubere Arbeit..

motorisierten kleinen Vorderwagen betrieben werden.

## Moderner Pferdegrasmäher

Eine weitere schweizerische Entwicklung ist ein Pferdemäher mit Aufbaumotor, der ein- und zweispännig betrieben werden kann. Das Grundgerät besteht aus einer Plattform mit zwei gummibereiften Rädern hinten und einem vorne rechts angebrachten Stützrad. Ein Benzinmotor treibt über Doppelkeilriemen das ca. 1,80 m breite Mähwerk an. Die Schneidvorrichtung besteht aus einem beweglichen Messer und kleinen beweglichen Fingern. Das lästige Verstopfen, das einer der Hauptnachteile der alten Grasmäher war, bleibt so vollständig aus. Der Fahrer kann von seinem Sitz aus per Handhydraulik den Mähbalken ausheben. Eine Fuß- und eine Feststellbremse sorgen für Pferdeentlastung und für Sicherheit in bergigem Gelände. Das alles hört sich optimal gelöst an. Nimmt man jedoch die öffentliche Vorstellung neuer Pferdemaschinen auf Fuhrmannstagen und sonstigen Zugpferdeveranstaltungen als Beweis für ihre Gebrauchsfähigkeit, so fällt die Bewertung für diesen Grasmäher nicht so positiv aus. Die Maschine tritt nämlich kaum in Erscheinung.

## Pferdegezogene Ladewagen

Ein Biobauer aus Süddeutschland mit täglichem Bedarf an frischem Grünfutter hat nach seinen Vorstellungen einen ehemaligen kleinen Schlepperladewagen für Pferdezug umrüsten lassen. Im Bereich der alten Schlepperdeichsel wurde eine Vorderachse beweglich angebracht, darüber die Fahrerplattform mit Sitzschale und zur Linken der Viertakthilfsmotor, der die Pick-up antreibt. Eine Achsschenkellenkung sorgt für ruhige Deichsellage und Stabilität bei Kurvenfahrt. Die Zapfwelle kann über eine Kupplung zugeschaltet werden. Alle Bedienungshebel sind vom Fahrersitz aus gut erreichbar. Sogar Licht und Blinker sind über Batterieanschluss vorhanden. Bei einem Leergewicht von 1,5 t und

Der zweiachsige, direkt anzuspannende Miststreuer M85 von „Pequea". Eine amische Produktion, die von drei „leichten" gut bewältigt wird.

einem Gesamtgewicht von 3,5 t sind auf jeden Fall zwei kräftige Zugpferde nötig. Ein zu schnelles Schritttempo muss vermieden werden, damit die Pick-up nicht mit zu viel Gras verstopft. Neben diesem individuellen Prototyp werden fast identische Ladewagen auch von einer schweizerischen Firma gebaut.

## Moderne Kalk- und Düngerstreuer

Einer sehr ökologischen Form der Waldbodenverbesserung hat sich ein nordrheinwestfälischer Fuhr- und Forstunternehmer mit einer ganz eigenen Geräteentwicklung angenommen. Er betreibt seit einiger Zeit als Lohnunternehmer einen von drei Pferden gezogenen Kalkstreuer. Der besondere Wunsch einer städtischen Kommune veranlasste die Herstellung dieses Spezialgerätes. Auf dem Basiselement eines schwedischen Holzrückewagens mit Achsschenkellenkung und Pendelachse ist der ca. 1,5 t fassende Vorratsbehälter aufgebaut. Stehend, an einen starken Stützbügel angelehnt, lenkt der Fuhrmann das Gespann und kann so Bodenunebenheiten besser abfangen. Ein 22-PS-Benzinmotor treibt die Zapfwelle mit 540 Umdrehungen pro Minute an. Ein Transportband bringt das Streugut zu zwei großen, schnell rotierenden Streutellern, die ca. 16 m weit nach rechts und links schleudern. Um möglichst genau beim Ausbringen des Kalkes die ständig wechselndes Fahrgeschwindigkeit in einem Wald zu berücksichtigen, läuft das Transportband mit Bodenantrieb. Dadurch sowie durch die Öffnung des Schiebers und die einstellbare Streutellerrotation kann die Streumenge sehr genau, wesentlich genauer als bei Hubschrauberkalkung, bestimmt werden.

Der beladene Streuer mit ca. 3,5 t Gesamtlast erfordert bei ganztägigem Waldeinsatz drei Kaltblüter. Auch wenn viel Standzeit beim Beladen anfällt und die Last sich beim Streuen rasch verringert, ist ein Dreigespann in den ständig wechselnden Zugwiderständen im Wald angebracht.

Neben diesem Waldspezialgerät, bei dem durch die besonderen Erfordernisse ein recht hohes Eigengewicht zustande kommt, gebrauchen einzelne Pferdenutzer in Deutschland einen ähnlich funktionierenden Düngerstreuer, der allerdings wesentlich leichter ist und trotzdem ca. 1 t Streugut fasst. Er wird an einen einfachen Vorderwagen angehängt, von wo aus auch Motor-, Förder- und Streuvorrichtung elektrisch geschaltet werden können. Durch den Vorderwagenzug ist dieser Kalkstreuer wesentlich wendiger als das oben beschriebene Modell. Wenn der Streuer auch mit seiner geringen Ladekapazität sowie der knapperen Streubreite von ca. 12 m weniger leistungsfähig erscheint, so rechtfertigt er das mit dem deutlich geringeren Gewicht und der wesentlich höheren Wendigkeit. Es ist zu wünschen, dass die Benutzer dieser sehr effektiven Maschine in Zukunft auch durch Waldeinsätze die Amortisation des Gerätes unterstützen können.

### Trichterdüngerstreuer

Ein kleiner Trichterstreuer mit Förderband und Streuteller wird schon seit vielen Jahren in Polen gebaut und teilweise auch bei uns benutzt. Er funktioniert über Bodenantrieb, ist extrem leichtzügig und von einem Warmblutpferd zu bewältigen. Mit rund 3 Zentnern Fassungsvermögen ist er auf kleinste Betriebsverhältnisse ausgelegt, vor allem wenn es um die Ausbringung des heute am meisten verwendeten Converterkalkes geht.

Bei den genannten Geräten handelt es sich bei weitem nicht um die gesamte Palette der modernen Pferdegeräte. Gerade im Moment arbeiten die Ideenschmieden im amerikanischen wie im europäischen Raum auf Hochtouren, und man wird in Zukunft mit Verbesserungen und neuen Vorschlägen rechnen können.

Doch bei all den offensichtlichen Vorteilen der Neukonstruktionen haben wir gegenüber den althergebrachten Pferdegeräten oftmals eine deutliche Gespannverlängerung, die Unübersichtlichkeit, manchmal auch Umständlichkeit, mit sich bringt. Im Weiteren sind häufig schwerere Gewichte zu bewältigen, die in Grenzsituationen ein zusätzliches Pferd erfordern oder in Hanglagen womöglich gar nicht mehr akzeptabel sind. Nicht zu vergessen ist der bedeutende Umstand, dass ein Vorderwagen, wenn auch mit Hilfsmotor versehen, zusammen mit dem Angehängten immer noch

Um sauber zu Schwaden, sind knappe Wendungen nötig, die den Pferden Nervenstärke abverlangen.

Der speziell für die Waldkalkung entwickelte Großflächenstreuer wird nicht als Seriengerät gebaut.

von lebenden Wesen bewegt wird, die ermüden, und damit in unserer überhektischen Zeit einen deutlich begrenzenden Faktor darstellen. Viele der auf Schauen präsentierten Geräte sind häufig wegen der betriebswirtschaftlichen Verhältnisse noch nicht im tatsächlichen Arbeitseinsatz getestet. Vieles steckt im Moment noch in den Kinderschuhen. Hilfreich ist es da, die Amish People nicht aus den Augen zu verlieren, denn ihre Gebrauchsbedingungen unterscheiden sich gravierend von unseren Verhältnissen: Dort der alltägliche Gebrauch durch eine breite Personengruppe, hier bei uns mehr der sporadische Nutzen durch einzelne Idealisten.

Trotzdem zeugt gerade das in den letzten Jahren starke Aufkommen von Verbesserungen und Neukonstruktionen von einem starken Drang, die Pferdekraft in moderner Version wieder zu aktualisieren. Aber auch von nicht zufriedenstellenden Praxisergebnissen, die zu Nachbesserungen und zu wieder neuen, geänderten Geräteversionen führen.

Ganz gleich welche Motivation vorliegt, den Einsatz einer vollkommen im biologischen Kreislauf stehenden Kraft, wie ein Zugpferd sie darstellt, voranzutreiben, kann bei dem Zustand unserer strapazierten Erde nur erstrebenswert sein.

# Mensch, Pferd, Umwelt

Betrachtet man die Entwicklung der Beziehung zwischen Mensch und Pferd im Laufe ihrer gemeinsamen Geschichte, so kann man sie in einigen Stichpunkten zusammenfassen:

Jagdtier – Nutztier – Sport- und Freizeitpartner.

Bis in die jüngste Vergangenheit war der Mensch in seiner Existenz vom Pferd abhängig. Erst seit Mitte der 1950er-Jahre hat eine vollkommene Wandlung stattgefunden. Das Pferd musste seine Daseinsberechtigung nicht mehr im täglichen Arbeitseinsatz unter Beweis stellen. Die Freude des Menschen an seiner Gestalt, seinen Bewegungen und dem zwanglosen oder auch ehrgeizigen, sportlichen Zusammensein mit ihm geben ihm heute Daseinsberechtigung genug.

Der Gedanke, dass Pferdekraft, wenn auch nur in kleinstem Maße, ein Wirtschaftsfaktor sein könnte, erscheint uns heute angesichts hochtechnischer Entwicklungen unvorstellbar. Doch gerade jetzt, zu Beginn eines Jahrtausends, sind wir mit vielen Entwicklungen auf einer Spitze angelangt, die man mit einer Bergspitze vergleichen kann. Hatten wir am Fuße des Berges noch viele Wege und Pfade, für die wir uns auf dem Weg nach oben entscheiden konnten, so wurden die Möglichkeiten beim Aufstieg immer weniger, bis uns mit Erreichen der Spitze nur noch das Abheben oder der Abstieg bleibt. Für einen Großteil der Menschen kommt das Letztere gar nicht infrage. Sie sehen die Zukunft in grenzenlosem Eingreifen des Menschen in die gewachsenen und erwiesenermaßen überlebenssicheren Prozesse der Natur. Nicht der kleinste Baustein der Natur darf der allesumfassenden Technik entgehen.

Ein anderer Teil der Menschen sorgte sich schon früher um den Weg, den unsere Gesellschaft in den letzten Jahrzehnten und Jahrhunderten eingeschlagen hatte. Das Umdenken fordert Einschränkungen.

So deute ich das in den letzten Jahren wachsende Interesse daran, Pferde wieder dort einzusetzen, wo sie mithelfen können, die Existenz des Menschen zu sichern. Dieser Einsatz lässt sich nicht in den Zahlen unserer Wirtschaft ausdrücken. Der symbolische Charakter der Sache ist entscheidend.

Es gibt Menschen, die sich auf Althergebrachtes zurückbesinnen, die sich abwenden von den scheinbar unumstößlichen Wertmaßstäben wie Bequemlichkeit und Konsum, die den Menschen in die Umwelt integrieren wollen und denen Kreisläufe wichtiger sind als Rekordernten. Weniger ist auf Dauer mehr.

In Industrieländern wie unserem sind diese Strukturen zwar nur schwer und auch dann nur in kleinem Umfang wieder herzustellen. Trotzdem sollte man doch bestrebt sein, die Länder, die noch an ihnen festhalten oder festhalten müssen, in ihrem Tun zu bestätigen und sie beispielsweise mit verbesserter Pferdetechnik auszurüsten statt mit dem Ausschuss unserer technischen Überdimensionierung.

Andere Wertmaßstäbe müssen berücksichtigt werden. Heute mag man der Meinung sein, mit Pferden zu arbeiten, sei rückständig und nicht konkurrenzfähig, dazu noch anstrengend und unbequem. Selbst eine Bauernfamilie, die Generationen lang so überleben könnte, wird diese Klassifizierung ihres Broterwerbs schwerlich übergehen können. Die modernen Medien, die ihre Arme bis in die hintersten Winkel strecken, tun das übrige. Dass dabei Jahrhunderte gültige Existenzgrundsätze in einer intakten Umwelt bewusst missachtet werden, ist ein Teil der Strategie.

Kleinteiligkeit, Dezentralisierung, maßvolles Umgehen mit Boden und Natur sowie überschaubare Technik sind Kriterien, die sich vor allem mit dem landwirtschaftlichen Einsatz von Pferden verbinden. Ein gesellschaftliches Miteinander statt Gegeneinander, Hilfeleistungen, die jeder von Zeit zu Zeit braucht und die Achtung des Alters, das wertvolle Erfahrungen weitergeben kann, verbinden sich mit dem Pferd als Leistungsträger in einer agrarischen Umwelt, in der sich Artenvielfalt und Ertragsvielfalt ergänzen.

In ausgeprägter Form finden wir dieses Beziehungsgefüge bei den Amish, Mennoniten und Hutterern vor. Vor allem bei den konsequenten Amish sind die Arbeitspferde wesentlicher Bestandteil ihrer Gesellschaftsform. Die Abhängigkeit der drei Komponenten im Beziehungsgefüge Mensch – Pferd – Umwelt sind unverkennbar. Die Grenzen der Pferdekraft beschränken den Ertrag auf ein gesundes Maß, das keinen in der Gemeinschaft verhungern lässt, aber auch keine großen Überschüsse produziert. Unerwähnt lassen darf man nicht die religiöse Konsequenz, die über allem wacht und das Rückrat der Gemeinschaften darstellt.

Selbst wenn wir in unserem Land kaum ähnliche Erscheinungen vorfinden, vermittelt trotzdem das Pferd, das auch nur im kleinsten Rahmen zu Arbeiten im beschriebenen Sinne herangezogen wird, dem mit ihm arbeitenden Menschen ein Gefühl von Autarkie und Miteinander mit der Umwelt. Manch einer mag in Bezug auf die Arbeit mit Pferden die Meinung vertreten, die gute alte Zeit wäre nun doch vorüber, und ein Zurück gäbe es nicht mehr. Pferde in der Landwirtschaft einzusetzen, muss jedoch keinen Rückschritt bedeuten, es sollte als ganz moderne Alternative aufgefasst werden, wenn nur die Strukturen dafür geschaffen würden.

Das Arbeitspferd stellt schließlich einen gleichberechtigten Partner neben anderen alternativen Energiequellen dar. Verdient es nicht auch, dass genauso darüber gesprochen wird, dass abgewogen wird, ob es förderungswürdig ist, und wenn, in welchem Maße? Doch für den heutigen Menschen sind technische Fakten eben begreifbarer, berechenbare Daten über Motor und Triebwerksleistungen eingängiger als die fast schon zu vielseitigen Verwendungsmöglichkeiten eines lebendigen Wesens, das zu seiner zweckmäßigen „Inbetriebnahme“ Gefühl und Verstehen statt Knopfdruck und Strom braucht.

## Mit einem Blick zurück – und nach vorn

Diesen Abschnitt betrachtete ich 1998 überwiegend aus der Sicht der hochentwickelten Industrienationen. Nicht nur angesichts fortgeschrittener Globalisierung, sondern auch vom Standpunkt der Verantwortung aus, die die hochentwickelten Länder als „Vorzeigenationen“ gegenüber Entwicklungs- und Schwellenländern zu zeigen haben, will ich das Betrachtungsspektrum erweitern.

Die geschichtliche Entwicklung der Beziehung Mensch-Pferd vom Jagdtier zum Sport- und Freizeitpartner bleibt in ihrer grundsätzlichen Aussage für große Teile Westeuropas und Nordamerikas bestehen. Doch mehr und mehr machen sich die Beziehungsgefüge entwickelter Länder zu Schwellenländern bemerkbar, jeder denkt natürlich sofort an Handel, vor allem Export unserer Produkte dorthin. Doch über die rein wirtschaftlichen Interessen hinaus reisen auch einzelne Menschen in Länder wie Indien oder China, um gezielt Stand und Entwicklungen dortiger Landwirtschaften zu betrachten.

Der Blickwinkel ist hierbei nicht, wie kann ich diesen „unterentwickelten“ Bauern möglichst schnell und profitabel endlich technisches Gerät verschaffen, sondern die Schwerpunkte liegen bei objektiver Bestandsaufnahme in Bezug auf Erhaltung erwähnter Strukturen und Praktiken, beziehungsweise angepasste Weiterentwicklung, immer unter Berücksichtigung ökonomischer und sozialer Verbesserungen.

Sobald wir derart den Entwicklungsrahmen abstecken, rücken die Zugtiere als entscheidende Faktoren in den Mittelpunkt. Pferde, Esel, Maultiere und Rinder, Büffel, sogar Kamele sind es, die die Existenzgrundlage kleinster Familienbetriebe bilden. Von eh und je angepasst an örtliche Gegebenheiten und Wirtschaftsmethoden, haben sie sich zu bewährter Form und Charakter selektiert; genau dort, wo sie sollen, „funktionieren" sie auch. Und dies in einem Energiekreislauf, der langfristig Bestand hat.

In unserem, von allgegenwärtiger Technik eingenommenen Bewusstsein existiert ja das Arbeitspferd im Allgemeinen nicht mehr. Wir wissen mittlerweile fast alle, dass es einzelne Bauern gibt, die wieder Pferde gebrauchen. Auch im Forst sind nach wie vor welche tätig, ganz vereinzelt auch im kommunalen Dienst.

Auch dass die großen Glaubensgemeinschaften der Amish, Hutterer und Mennoniten in Amerika sehr konsequent Zugtiere einsetzen, ist den allermeisten heutigen Menschen in unseren Ländern bekannt. In ihrem Bewusstsein wird dies jedoch alles unter der Rubrik „Exoten" verbucht.

Angesichts der ständig kleiner werdenden Welt müssen wir den Blick doch auch auf weniger entwickelte Länder richten. Spätestens dann müssen wir angesichts der ungeheuer großen Zahl an arbeitenden Pferden und Rindern anerkennen, dass es sich dabei um weitaus mehr handelt, als um die Betrachtung von Exoten. Es geht um Wirtschafts- und Sozialgefüge, deren Erhalt oder Zerstörung mit Sicherheit nicht nur vor Ort gewaltige Auswirkungen haben werden. Sie könnten auch uns erreichen und treffen, sollten Entwicklungsmaßnahmen, deren Fäden wir mit in der Hand halten, kurzsichtig eingespult werden!

Mit dieser erweiterten Betrachtung Mensch-Pferd-Umwelt, vielleicht besser Mensch-Zugtier-Umwelt, möchte ich für den Leser den Blick weiten, angesichts der weltweiten Präsenz von Arbeits- und Zugtieren im existenziellen Umfeld der Menschen, anzuerkennen, dass die Nutzung tierischer Zugkraft kein Relikt der Vergangenheit ist, sondern eine seit eh und je bestehende Grundlage menschlicher Existenz.

Diese Tatsache muss anerkannt und berücksichtigt werden und uns dazu öffnen, Zugtiereinsatz hier als ernst zunehmende Alternative zu akzeptieren und dort zu erhalten, was gewachsen ist. Veränderungen sollten wir nur in Form lokal passender Verbesserung akzeptieren, in Zucht und Haltung, durch bessere Geräte und Zuggeschirre. Jeglicher Eingriff dieser Art sollte jedoch nie als Belehrung erscheinen, sondern muss immer Tradition und regionale Gepflogenheiten im Auge behalten. So kann in Zukunft mit weiteren Fortschritten gerechnet werden, was angesichts von Energieverknappung und Klimakatastrophe nur wünschenswert ist.

# Service

## Literatur


Appold, H. (1960): Der Landmaschinenschlosser. 2. Auflage. Verlag Handwerk und Technik, Hamburg.

Bellinghausen, W. (1996): Pferdekrankheiten. 2. Auflage. Verlag E. Ulmer, Stuttgart.

Bloeck, H.: Ostpreußen's Landwirtschaft. Landsmannschaft Ostpreußen.

Buhle, P. (1992): Das Zugpferd und seine Leistungen. Nachdruck aus dem Jahre 1923. Degreif Verlag, Stücken.

Dieckmann, K. (1942): Schlipf's Handbuch der Landwirtschaft. 28. Auflage. Paul Parey, Berlin.

Franz, G. (1969): Die Geschichte der Landtechnik im 20. Jahrhundert. DLG Verlagsgesellschaft, Frankfurt.

Haase, H. (1949): Ratgeber für den praktischen Landwirt. 2. Auflage. Siebeneicher Verlag, Berlin.

Kresse, W. (1992): Pferde halten und pflegen. 3. Auflage. Verlag E. Ulmer, Stuttgart.

Löwe, H., Hartwig, W. und Bruns, E. (1988): Pferdezucht. 2. Auflage. Verlag E. Ulmer, Stuttgart.

Munkel, H. (1939): Die Beurteilung des rheinisch-deutschen Kaltblutpferdes. 2. Auflage. Schrift der deutschen Gesellschaft für Züchtungskunde.

Pirkelmann, H., Ahlswede, L., Zeitler-Feicht, M. (2008): Pferdehaltung. 3. Auflage. Verlag E. Ulmer, Stuttgart.

Schön, D. (1983): Praktische Pferdezucht. Verlag E. Ulmer, Stuttgart.

Starke Pferde, Intern. Magazin zur Förderung der Arbeit mit Pferden und anderen Zugtieren. Hrsg. Erhard Schroll, Weißer Weg 109, 32657 Lemgo.

Stenglin, C. Freiherr von (1994): Deutsche Pferdezucht, Deutsche Reiterliche Vereinigung.


## Bildquellen


Gerhard Bäuerle, Gärtingen: Seite 1, 4, 7, 8, 27, 29, 36/37, 45, 50, 53, 58, 61, 64, 68/69, 78, 79, 82, 88, 96, 100 unten, 104/105, 113, 127, 129, 130, 131, 133, 134, 140/141, 150

Natascha Collatz, Reichshof: Titelfoto, Umschlagrückseite rechts, Seite 2, 15, 17, 23, 30, 66, 74, 75, 100 oben, 143

Guni u. Streitferd, Böblingen: Seite 13, 125, 135

Dr. Klaus Herrmann, Hohenheim: Seite 20

HISKO-Vorderwagen, Siegen. Seite 149

Michael Koch, Archiv des Autors: Umschlagrückseite links, Seite 9, 33, 39, 40, 44, 84, 85, 93, 111, 117, 121, 128, 151

Edwin Rotzal, Sprockhövel: Seite 19, 108, 109, 137, 144

Erhard Schroll, Lemgo: Seite 146, 152 oben

Die Zeichnungen wurden nach Vorlagen des Autors angefertigt:

Hans Christian Rost, Stuttgart: S. 41, 42, 52, 55, 56, 57, 60, 62, 67, 72, 76.

Renate Weiterschan, Sindelfingen: S. 46, 77, 83, 85, 88, 90, 92, 93, 94, 111, 128.

Siegfried Lokau, Bochum: S. 118.

Die Zeichnung S. 74 wurde mit freundlicher Genehmigung des Degreif-Verlages, Stücken, entnommen aus: Das Zugpferd 2/3, 1994.


## IGZ-Adressen

Interessengemeinschaft Zugpferde e.V.
Bundesgeschäftsstelle
Uferstr 29
73660 Urbach
Tel.: 07181-8878953, Fax: 07181-8878954
Email: info@ig-zugpferd.de

Die IGZ ist Mitglied in der FECTU
Fédération Européenne du Cheval de Trait pour la promotion de son Utilisation
Pit Schlechter, Hauptstr. 9
L-7475 Schoos,
e-mail: pit.schlechter@fectu.org

## Landesverbände

**Baden-Württemberg**
1. Vors. Siegfied Zwick
Eichwasen 16
88605 Meßkirch-Heudorf
Tel.: 07575-5669
Mail: info@zwicks-handel.de

**Bayern**
Vors. Anton Adam
Gaishof 41
93458 Eschlkam
Tel.: 09948-905231
Mail: anton.adam@web.de

**Berlin-Brandenburg**
1.Vors. Lars Spangenberg
Ihlower Ring 14
15337 Ihlow
033437-89789
Mail: lars.spangenberg@biohof-ihlow.de

**Hessen**
1. Vors. Stefan Schwarz
Luisenstr. 2
35080 Bad Endbach
Tel.: 06464-6462, Handy: 0151-1403250
Mail: stefan.schwarz@go4 more.de

**Niedersachsen**
1. Vors. Joachim Grieger
Brunnenstr. 27
31547 Rehburg-Loccum
Tel. 05037-3344
Mail: naturhof-grieger@gmx.de

**Nordrhein-Westfalen**
1. Vors. Gerd Aschoff
Am Kleigraben 19
33378 Rheda-Wiedenbrück
Tel. 05242-42768
Fax: 05242-404177

**Rheinland-Pfalz-Saar**
1. Vors. Erich Mußler
Bischof-Rupertus-Ring 8
66793 Saarwellingen
Tel. 06838-1697
Mail: ErichMussler@gmx.de

**Sachsen-Anhalt**
1. Vors. Karl Wiegel
Altenhäuserstr. 22
39345 Flechtingen
Tel. 0172-1414756
Fax: 039054-2206

**Sachsen-Thüringen**
1. Vors. Jochen Gebhart
Straße der Freundschaft 9
04579 Espenhain
Tel./Fax: 034347-81889, Mobil: 01522-2758899

## Arbeitskreise, Ansprechpartner

AK Sanfter Tourismus
Ralf Zauner, Florstadt,Tel.: 06035-8612

AK Forst
Elmar Stertenbrink
email: stertenbrink@web.de

AK Landwirtschaft
Gunta Zvidrina
Tel.: 038867-156498
Anne Scheele, Tel.:0176-70141700

Ausbildungsausschuss: Silke Hagmeier
E-Mail: ausbildung@ig-zugpferde.de

AK Pflügen
Werner Gollar, Gniebel,
Tel: 07127-8623

AK Rinderanspannung
Jörg Bremond, Tel.: 0171-8454703

AK Zucht
Dr. Reinhard Scharnhölz, Tel.: 02273-593000
Friedrich Burgath, Tel.: 02333-977790

Zugpferdebörse
Anke Burgath, Ennepetal, Tel.: 0178-7125715

## Register

## Impressum

**Bibliografische Information der Deutschen Nationalbibliothek**
Die Deutsche Nationalbibliothek verzeichnet diese Publikation in der Deutschen Nationalbibliografie; detaillierte bibliografische Daten sind im Internet über http://dnb.d-nb.de abrufbar.


Wollgrasweg 41, 70599 Stuttgart (Hohenheim)
E-Mail: info@ulmer.de
Internet: www.ulmer.de
Lektorat: Sigrun Wagner, Dr. Eva-Maria Götz
Herstellung: Ulla Stammel
Umschlagentwurf: Atelier Reichert, Stuttgart
Satz: r&p digitale medien, Echterdingen
Druck und Bindung: Pustet, Regensburg
Printed in Germany

**ISBN 978-3-8001-7726-4**